★★★★★

世界王牌武器入门之

作战飞机

FIGHTER AIRCRAFT

军情视点 编

化学工业出版社
·北京·

本书精心选取了世界各国研制的近两百种作战飞机，涵盖了战斗机、攻击机、轰炸机、直升机、无人机等不同种类的作战飞机。每种作战飞机以简洁精练的文字介绍了其历史、性能以及装备情况等方面的知识。为了增强阅读趣味性，并加深读者对作战飞机的认识，还特意介绍了作战飞机在多部电影作品中的登场表现。

本书内容结构严谨、分析讲解透彻，而且图片精美丰富，适合广大军事爱好者阅读和收藏，也可以作为青少年的科普读物。

图书在版编目(CIP)数据

世界王牌武器入门之作战飞机 / 军情视点编. —北京：化学工业出版社，2018.7(2023.1重印)
ISBN 978-7-122-32160-2

Ⅰ. ①世… Ⅱ. ①军… Ⅲ. ①军用飞机-介绍-世界 Ⅳ. ①E926.3

中国版本图书馆CIP数据核字（2018）第096780号

责任编辑：徐 娟　　装帧设计：中海盛嘉
责任校对：边 涛　　封面设计：刘丽华

出版发行：化学工业出版社(北京市东城区青年湖南街13号　邮政编码100011)
印　　装：河北京平诚乾印刷有限公司
787mm×1092mm　1/16　印张 7　字数 200千字　2023年1月北京第1版第5次印刷

购书咨询：010-64518888　　售后服务：010-64518899
网　　址：http://www.cip.com.cn
凡购买本书，如有缺损质量问题，本社销售中心负责调换。

定　　价：39.80元

前 言

作战飞机是指能以机载武器、特种装备对空中、地面、水上、水下目标进行攻击和担负其他作战任务的各类军用飞机，通常包括战斗机、攻击机、轰炸机、武装直升机和无人作战飞机等。

由于作战飞机的机载电子设备的不断改进，机载武器性能日益提高和飞机外挂能力的增强，所以飞机的功能便向多元化方向发展。同时随着高新技术不断发展，作战飞机的任务也多样化，大部分现代战机已具备对地空双重打击能力，各种战机航电系统也不断更新。

本书精心选取了世界各国研制的近两百种作战飞机，涵盖了战斗机、攻击机、轰炸机、直升机、无人机等不同种类的作战飞机。书中对每种作战飞机以简洁精练的文字介绍了其历史、性能以及装备情况等方面的知识。为了增强阅读趣味性，并加深读者对作战飞机的认识，还特意介绍了作战飞机在多部电影作品中的登场表现。

本书紧扣军事专业知识，不仅带领读者熟悉作战飞机的发展历程，还可以了解作战飞机的结构性能等，特别适合作为广大军事爱好者的参考资料和青少年朋友的入门读物。

作为传播军事知识的科普读物，最重要的就是内容的准确性。本书的相关数据资料均来源于国外知名军事媒体和军工企业官方网站等权威途径，杜绝抄袭拼凑和粗制滥造。在确保准确性的同时，我们还着力增加趣味性和观赏性，尽量做到将复杂的理论知识用简明的语言加以说明，并添加了大量精美的图片。因此，本书不仅是广大青少年朋友学习军事知识的不二选择，也是军事爱好者收藏的绝佳对象。

参加本书编写的有丁念阳、黎勇、王安红、邹鲜、李庆、王楷、黄萍、蓝兵、吴璐、阳晓瑜、余凑巧、余快、任梅、樊凡、卢强、席国忠、席学琼、程小凤、许洪斌、刘健、王勇、黎绍美、刘冬梅、彭光华、杨淼淼、祝如林、杨晓峰、张明芳、易小妹等。在编写过程中，国内多位军事专家对全书内容进行了严格的筛选和审校，使本书更具专业性和权威性，在此一并表示感谢。

由于时间仓促，加之军事资料来源的局限性，书中难免存在疏漏之处，敬请广大读者批评指正。

编者

2018年4月

CONTENTS

目 录

第 4 章 轰炸机入门 …… 055

第5章 武装直升机入门 …… 071

第1章

作战飞机概述

从20世纪初莱特兄弟第一架飞机试飞成功，到21世纪各类高科技水准的飞机翱翔于天空；从最初的只能腾空几米，到现在能升至万米。一个世纪的时间，各类飞机涌现，在科技的推动下逐步完成了质的飞跃。其中，作战飞机更是代表了一个时代的飞机最高水准。本章详细介绍了作战飞机的发展历史、分类和构造等知识。

作战飞机的历史

早期的三翼飞机

飞机出现后的最初几年，基本上是一种娱乐的工具，主要用于竞赛和表演。但是当第一次世界大战（以下简称一战）爆发后，这个“会飞的机器”逐渐被派上了用场。1909 年，美国陆军装备了第一架军用飞机，机上装有 1 台 30 马力的发动机，最大速度 68 千米 / 小时。同年制成 1 架双座莱特 A 型飞机，用于训练飞行员。

一战初期，军用飞机主要负责侦察、运输、校正火炮等辅助任务。当一战转入阵地战以后，交战双方的侦察机开始频繁活动起来。为了有效地阻止敌方侦察机执行任务，各国开始研制适用于空战的飞机。

世界上公认的第一种战斗机是法国的莫拉纳 · 索尔尼埃 L 型飞机。它由于装备了法国飞行员罗朗 · 加罗斯的“偏转片系统”，解决了一直以来机枪子弹被螺旋桨干扰的难题。随后，德国研制出更加先进的“射击同步协调器”并安装在“福克”战机上，成为当时最强大的战斗机。“福克”战机的出现，从根本上改变了空战的方式，提高了飞机空战能力，从此确立了战斗机的典型布置形式。

一战中的德国“福克”D. Ⅶ战斗机

随着空战的日趋激烈，战斗机作为军用飞机家族中的一个新成员，从此走上了“机动、信息、火力三者并重”的发展轨迹，在速度、高度和火力等方面不断改进。一战结束时，战斗机的最大飞行速度已达到200千米/小时，升限高度达6千米，重量接近1吨，发动机功率169千瓦，大多配备7.62毫米的机枪。总体来说，飞机在一战中的地位是从反对到不重视，再到重视，其地位的不断发展也为以后的战争方式奠定了基础。

▲ 二战时期 B-24 轰炸机进行编队飞行

第二次世界大战（以下简称二战）中，飞机开始成为战争的主角。由于在一战中后期飞机的战略作用被各个国家所认识，到二战开始时，军用飞机已经得到了很好的发展，各种不同作战用途的战机也应运而生，如攻击机、截击机、战斗轰炸机、俯冲轰炸机、鱼雷轰炸机等。

由于二战期间各种舰船（包括航空母舰）得到了大范围的使用，这也使得各种舰载机在战斗中有了巨大的发挥空间，往往是各种海战的主导者。飞机性能方面，二战期间的战斗机的最大速度已达700千米/小时，飞行高度达11千米，重量达6吨，所用活塞式航空发动机制功率接近1470千瓦。瞄准系统已有能做前置量计算的陀螺光学瞄准具。

▲ Me 262 喷气式战斗机

二战末期，德国开始使用Me 262喷气式战斗机，最大飞行速度达960千米/小时。战后，喷气式战斗机普遍代替了活塞式战斗机，飞行速度和高度迅速提高。

20世纪50年代初，首次出现了喷气式战斗机空战的场面。苏联制造的米格-15“柴捆”（Fagot）和美国制造的F-86“佩刀”（Sabre）都采用后掠后翼布局，飞行速度都接近音速（1100千米/小时），飞行高度15000米。机载武器已发展到20毫米以上的机炮，瞄准系统中装有雷达测距器。

带加力燃烧室外的涡轮喷气发动机便于改善飞机外形，战斗机的速度很快突破了音障。20世纪60年代以后，战斗机的最大速度已超过两倍音速，配备武器已从机炮、火箭发展为空对空导弹。

20世纪60年代中期，以苏联米格-25和美国YF-12为代表的战斗机的速度超过3倍音速，作战高度约23000米，重量超过30吨。但是60年代后期越南战争、印巴战争和中东战争的实践表明，超音速战斗机制空战大多是在中、低空，以接近音速的速度进行的。空战要求飞机具有良好的机动性，即转弯、加速、减速和爬升性能。装备的武器则是机炮和导弹并重。因此，此后新设计的战斗机不再追求很高的飞行速度和高度，而是着眼于改进飞机的中、低空机动能力，完善机载电子设备、武器和火力控制系统。

21世纪初，战机大多具备多功能性，更加强调作战任务的灵活性，既能同对手进行空战，又拥有强大的对地攻击火力，能以尽量少的架次完成尽量多的任务，在执行任务中能够接受临时赋予的其他任务，甚至能够先空战然后再对地攻击。从现代空战的角度来看，未来空中战场不外乎是信息、机动和火力综合优势的争夺。未来战斗机系统之间的整体对抗，将表现为多机编队对信息、火力和机动的综合利用。

▲ 现代作战飞机

作战飞机的分类

★ 战斗机

战斗机又称为歼击机，二战前曾广泛称为驱逐机。战斗机具有火力强、速度快、机动性好等特点，主要任务是与敌方战斗机进行空战，夺取空中优势（制空权）；其次是拦截敌方轰炸机、攻击机和巡航导弹，还可携带一定数量的对地攻击武器，执行对地攻击任务。

战斗机还包括要地防空用的截击机。但自 20 世纪 60 年代以后，由于雷达、电子设备和武器系统的完善，专用截击机的任务已由歼击机完成，截击机不再发展。

▲ F-35“闪电”Ⅱ战斗机

★ 攻击机

攻击机又称为强击机，具有良好的低空操纵性、安定性和良好的搜索地面小目标能力，可配备品种较多的对地攻击武器。为提高生存力，一般在其要害部位有装甲防护。攻击机主要用于从低空、超低空突击敌人浅纵深目标，直接支援地面部队作战。

▲ F-117 攻击机

★ 轰炸机

轰炸机是主要用于从空中对地面或水上、水下目标进行轰炸的飞机，有装置炸弹、导弹等的专门设备和防御性的射击武器，载弹量大，飞行距离远。轰炸机具有突击力强、航程远、载弹量大等特点，是航空兵实施空中突击的主要机种。机上武器系统包括机载武器如各种炸弹、航弹、空对地导弹、巡航导弹、鱼雷、航空机关炮等。

轰炸机按起飞重量、载弹量和航程的

▲ 图 -160 轰炸机

不同大致分为轻、中、重型三类。轻型轰炸机载弹不大于 5 吨，航程在 3000 千米以下，总重不超过 20 吨，目前已被战斗轰炸机和攻击机全面替代。重型轰炸机可载弹 10 ～ 30 吨，航程 5000 ～ 10000 千米，总重超过 100 吨，也称战略轰炸机。而中型轰炸机则介于上述两者之间，目前在役型号不多，由于现代攻击机已达到相当高的战斗性能，完全有取代中型轰炸机的可能。

★ 武装直升机

军用直升机主要包括武装直升机、运输直升机、搜救直升机、侦察直升机、反潜直升机和通用直升机等。直升机的突出特点是可以做低空（离地面数米）、低速（从悬停开始）和机头方向不变的机动飞行，特别是可在小面积场地垂直起降。这些特点使其具有广阔的用途及发展前景，在军事领域作用巨大。

▲ AH-64“阿帕奇”武装直升机

★ 无人作战飞机

无人作战飞机的种类繁多、用途广泛，有的无人作战飞机还具有多种用途。具体来说，无人作战飞机主要包括靶机、侦察无人机、诱饵无人机、电子对抗无人机、攻击无人机和战斗无人机等。

▲ MQ-1“捕食者”无人机

第2章

战斗机入门

战斗机在二战时期被称为驱逐机，是军用作战飞机的一种。战斗机的主要任务是与敌方战斗机进行空战，夺取制空权，其次是拦截敌方轰炸机、攻击机和巡航导弹，还可携带一定数量的对地攻击武器，执行对地攻击任务。本章主要介绍二战以来世界各国制造的经典战斗机，每种战斗机都简明扼要地介绍了其制造背景和作战性能，并有准确的参数表格。

美国F4U“海盗”战斗机

小档案

机身长度:	10.2米
机身高度:	4.50米
翼 展 :	12.5米
空 重 :	4174千克
最大速度:	718千米/小时

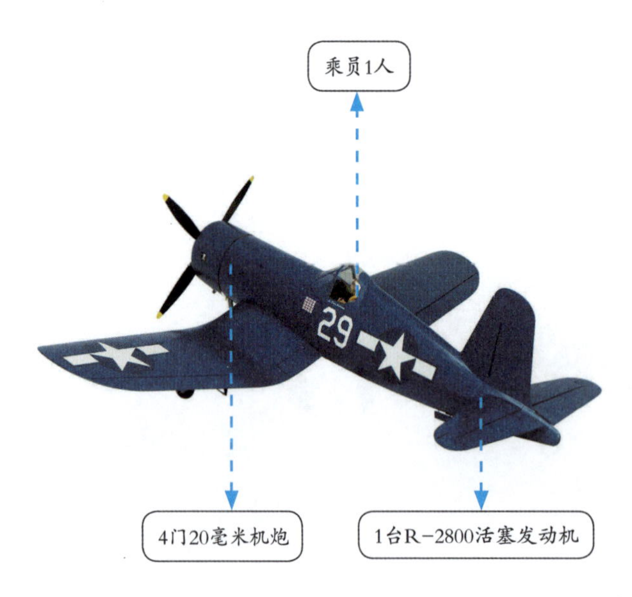

F4U是美国沃特公司为美国海军所研发的一种舰载战斗机，绰号“海盗”，原型机于1939年5月29日进行首次试飞，1942年9月编号为F4U并正式服役。F4U原型机曾创下202.5千米/小时的飞行速度纪录，成为第一款超越200千米/小时的美国战斗机。F4U战斗机加速性能好、火力强大、爬升快、坚固耐用。F4U战斗机在许多方面都与当时的飞机有很大的差别，飞机的机翼采用了倒海鸥翼的布局。

美国FJ-1“狂怒”战斗机

小档案

机身长度:	10.48米
机身高度:	4.52米
翼 展 :	11.63米
空 重 :	4010千克
最大速度:	880千米/小时

FJ-1是美国早期著名的“狂怒”系列舰载战斗机的首种型号。虽然FJ-1战斗机的性能优良，但还是不能完全适应舰载的条件，尤其是起落架强度不够。FJ-1采用单座单发、机头进气的布局，粗壮的机身内能够容纳一台J35轴流式涡轮喷气发动机。除此之外，该战斗机的翼尖可携带2个770升的副油箱，而且机翼可以折叠，但是不能携带任何外挂，武器只有机头两侧的6挺12.7毫米机枪和1500发子弹。

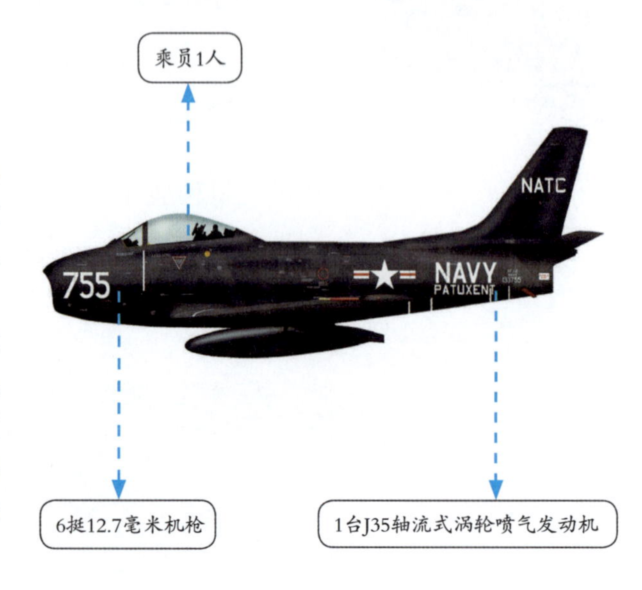

美国F9F“黑豹”战斗机

小档案

机身长度:	11.40米
机身高度:	3.45米
翼　展　:	12米
空　重　:	4220千克
最大速度:	925千米/小时

F9F 是格鲁曼公司研发的第一架喷气式战斗机，绰号“黑豹”。该战斗机于 20 世纪 40 年代中期开始研制，1947 年 11 月 24 日进行首次试飞。F9F 战斗机的机翼最开始的设计是平直机翼，到了后来的晚期型号，机翼就被改成了后掠式，这种后掠式机翼的 F9F 战斗机被称为“美洲狮”。

美国F-80“流星”战斗机

小档案

机身长度:	10.52米
机身高度:	3.45米
翼　展　:	11.85米
空　重　:	5753千克
最大速度:	932千米/小时

F-80 是美国第一种大量服役的喷气式战斗机，它也是美国第一架水平飞行速度超过 800 千米 / 小时的量产飞机，绰号“流星”。F-80 的原型机 P-80 于 1943 年 6 月开始研制，1944 年 1 月进行首次试飞，并成为当时美国飞得最快的飞机。不仅如此，F-80 战斗机还是美国喷气式战斗机当中第一种有击落敌机记录的型号。

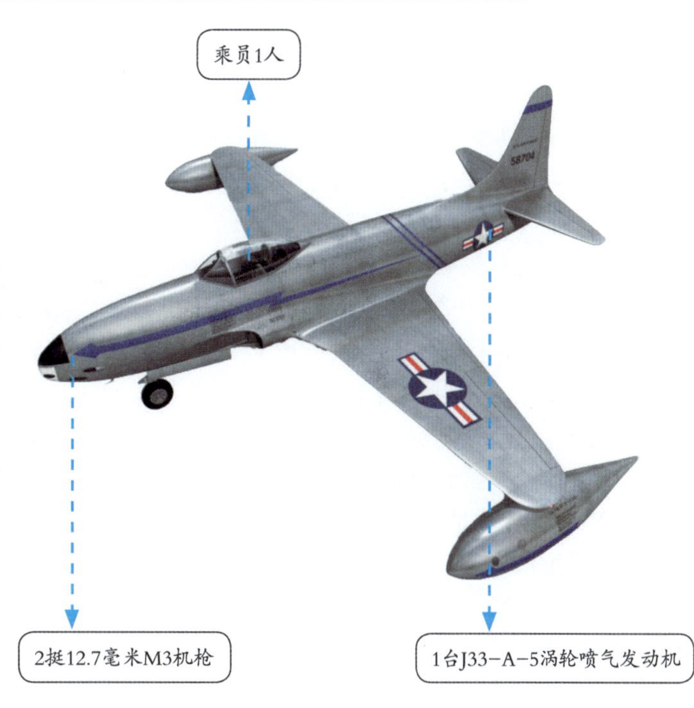

美国F-82“双野马”战斗机

小档案

机身长度:	12.93米
机身高度:	4.22米
翼　展　:	15.62米
空　重　:	7271千克
最大速度:	741.9千米/小时

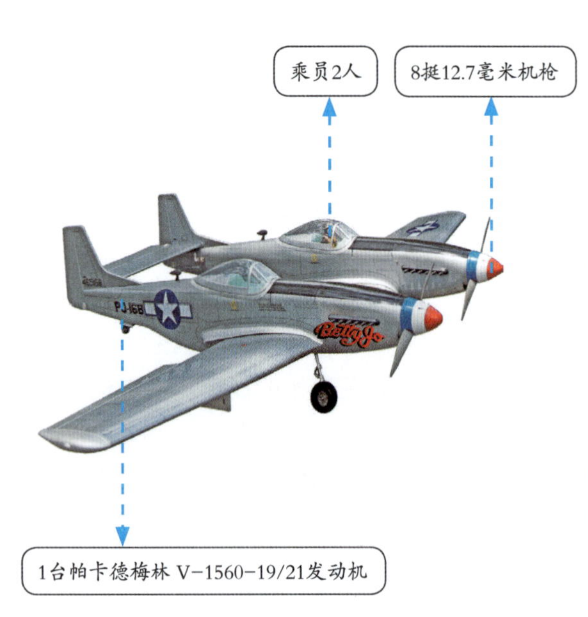

F-82是北美公司研制的双座式战斗机，原称P-82，绰号“双野马”。F-82战斗机的第一个生产型是P-82B，它是二战中最强的活塞战斗机之一，但是没有参加实战。1948年6月，陆航改组为美国空军，飞机命名规则里代表驱逐机的“P”也被代表战斗机的“F”取代，所以P-82改为F-82。F-82战斗机一共生产了275架，基本沿用了P-51的机身段，不同的是该战斗机在机身的水平尾翼端前插入了一段背鳍段，使机身加长了1.45米。

美国F-84“雷电喷气”战斗机

小档案

机身长度:	10.24米
机身高度:	13.23米
翼　展　:	4.39米
空　重　:	5200千克
最大速度:	1059千米/小时

F-84“雷电喷气”是美国第一种能运载战术核武器的喷气式战斗机。该机于1946年2月26日进行了首次试飞，并于1947年6月进行批量生产，于1953年停产。F-84战斗机采用头部进气，增压座舱具有泪滴形座舱盖和弹射座椅。另外，该战斗机的动力装置是一台美国通用电气公司的TG-180涡轮喷气发动机。

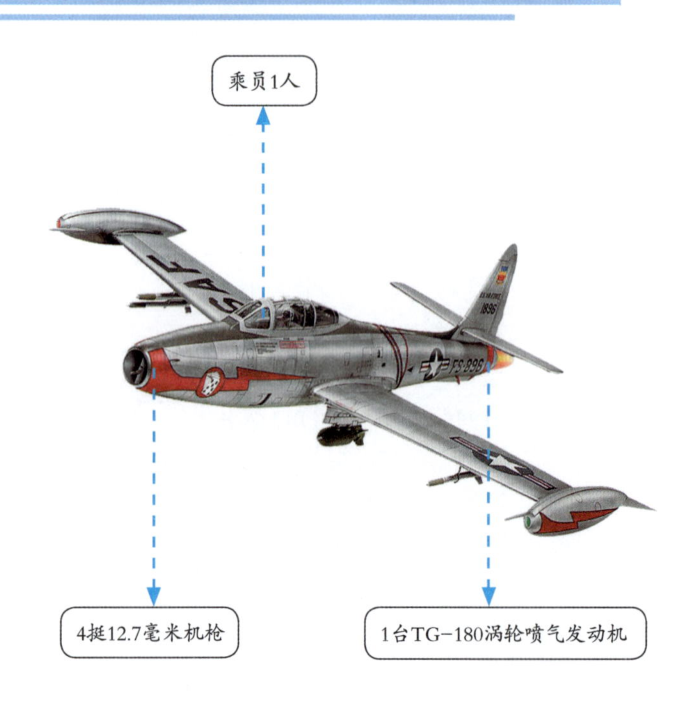

美国F-86“佩刀”战斗机

小档案	
机身长度：	11.4米
机身高度：	4.6米
翼　展　：	11.3米
空　重　：	5046千克
最大速度：	1106千米/小时

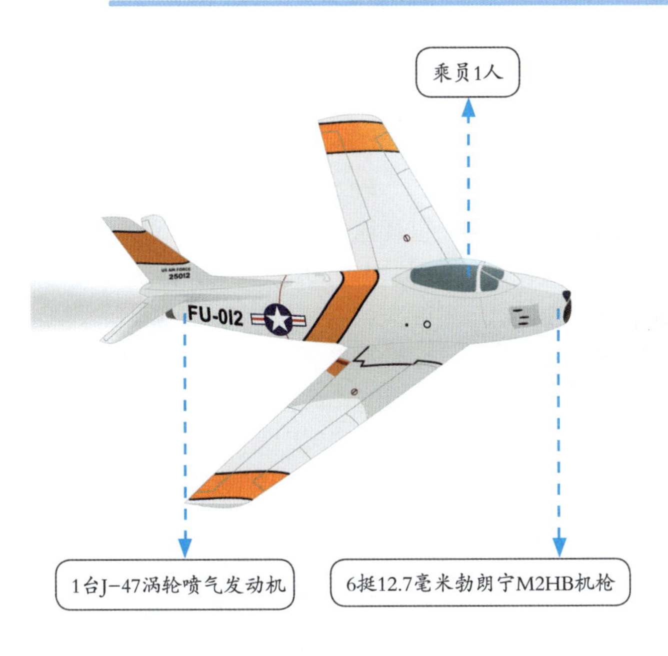

F-86 是二战后美国设计的第一代喷气式战斗机，绰号“佩刀”。该战斗机于 1947 年 10 月 1 日进行首次飞行，1949 年服役，是美国早期设计最为成功的喷气式战斗机代表作之一。与苏联第一代喷气式战斗机米格-15相比，F-86 战斗机的最大水平空速较低，最大升限较低，中低空爬升率较低，但其高速状态下的操控性却较好，运动性相当灵活。

美国F-101“巫毒”战斗机

小档案	
机身长度：	21.54米
机身高度：	5.49米
翼　展　：	12.10米
空　重　：	12680千克
最大速度：	1825千米/小时

F-101 是麦克唐纳公司研制的超音速战斗机，绰号“巫毒”。它由麦克唐纳飞机公司较早的 XF-88 飞机发展而来，1954 年 9 月 29 日第一架原型机首次试飞。此外，该战斗机最初是作为美国战略空军 B-36 轰炸机护航的战斗机，只是后来 B-36 被 B-52 轰炸机所取代。

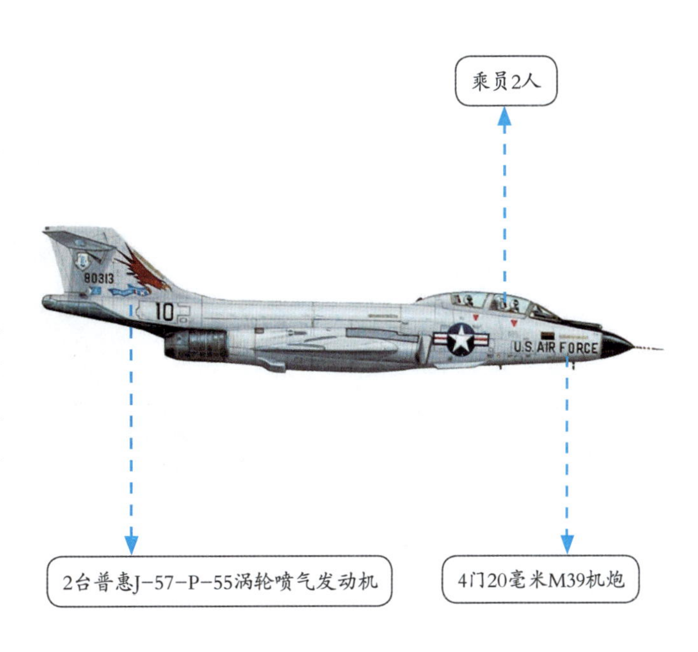

美国F-104“星”式战斗机

小档案

机身长度:	16.66米
机身高度:	4.11米
翼　展　:	6.36米
空　重　:	6350千克
最大速度:	2137千米/小时

F-104是美国洛克希德公司研制的超音速轻型战斗机，绰号“星”。该机于1951年开始设计，1954年2月原型机首次试飞，1958年开始装备部队。该战斗机的主要型号有A、C、G、J、S、G等，除美国外，它还被德国、日本、意大利、荷兰等国采用。值得一提的是，F-104曾被戏称为“飞行棺材”和“寡妇制造机”，这是因为F-104为了追求高空高速，被设计成机身长而机翼短小，甚至T形尾翼等结构。这些设计都是为了最大限度实现减阻，但却牺牲了飞机的盘旋性能。

美国F-3“魔鬼”战斗机

小档案

机身长度:	17.98米
机身高度:	4.44米
翼　展　:	10.76米
空　重　:	10040千克
最大速度:	1152千米/小时

F-3是美国麦克唐纳公司研制的第一种后掠翼喷气式战斗机，绰号“魔鬼”。该战斗机于1949年开始设计，1951年8月7日第一架原型机进行首次飞行。此外，F-3战斗机有F3H-1N、F3H-1P、F3H-2N、F3H-2M、F3H-2、F3H-2P和F3H-3等多种型号，其中，F3H-2M是第一种只带导弹不用机炮的战机。F-3战斗机各型总共生产了522架，并于1964年退役。

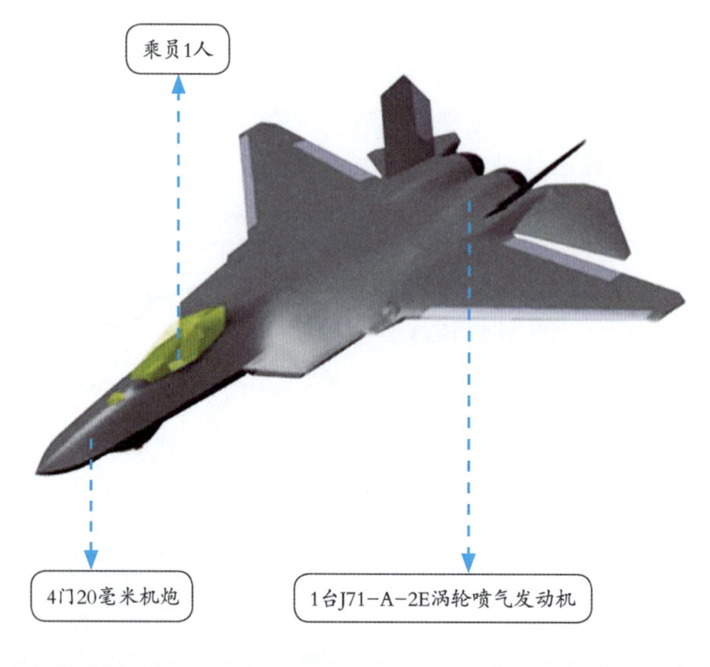

美国F-4“鬼怪”Ⅱ战斗机

小档案

机身长度:	19.20米
机身高度:	5.02米
翼 展 :	11.77米
空 重 :	13760千克
最大速度:	2414千米/小时

F-4是美国麦克唐纳公司研制的双发舰队重型防空战斗机，绰号“鬼怪”Ⅱ，于1960年服役，20世纪70年代和80年代成为美国空中力量的主力。F-4的生产一直到持续到1981年，总产量仅次于F-86“佩刀”战斗机。不仅如此，F-4还是美国第二代战斗机的典型代表，其各方面的性能都相对较好，不仅空战性能好，对地攻击能力也十分强大，但该战斗机的缺点是大迎角机动性能欠佳，高空和超低空性能略差，起降时对跑道要求较高。

美国F-5“自由斗士”战斗机

小档案

机身长度:	14.45米
机身高度:	4.06米
翼 展 :	8.13米
空 重 :	4410千克
最大速度:	1741千米/小时

F-5“自由斗士”是由美国诺斯罗普公司设计的轻型战斗机，于1959年7月30日进行首飞，1962年装备美军。该战斗机价格低廉、易于维护、性能良好，具备短距起降性能。而且F-5战斗机通常装有2门20毫米M39A2型机炮，其动力装置为2台通用J85-GE-21B涡轮喷气发动机。

美国F-6“天光”战斗机

小档案	
机身长度:	13.8米
机身高度:	3.96米
翼　展　:	10.2米
空　重　:	7268千克
最大速度:	1242千米/小时

F-6“天光”是美国道格拉斯公司研制的第一种打破绝对航速纪录的舰载战斗机，同时也是美国海军的第一种超音速战斗机，于1951年1月23日进行首次试飞。从外观上来看，F-6战斗机为三角形机翼，机翼外缘为弧形，因其外形像一种生活在海底的动物蝠鲼，所以得名“天光”这一称号。除此之外，该战斗机不仅具有极为出色的爬升性能，还具有良好的机动性。

美国F-8“十字军”战斗机

小档案	
机身长度:	16.53米
机身高度:	4.8米
翼　展　:	10.87米
空　重　:	7956千克
最大速度:	1975千米/小时

F-8是美国沃特公司为美国海军研制的舰载超音速战斗机，绰号“十字军”。它于1953年5月开始设计，原编号为F8U，1962年，F8U因海、空军统一编号的原因，改名为F-8。首个生产型F8U-1于1955年9月试飞，1957年开始服役。F-8的突出特点是采用可变安装角机翼，机翼外段可以向上折叠，便于舰上停放。此外，F-8是美国设计的最后一种以机炮为主要武器的飞机，所以F-8的飞行员们常称自己为“最后的枪手”。

美国F-10“空中骑士”战斗机

小档案

机身长度：	13.84米
机身高度：	4.9米
翼　展：	15.24米
空　重：	8237千克
最大速度：	770千米/小时

乘员2人

4门20毫米机炮

2台J46-WE-36发动机

F-10是美国道格拉斯公司研制的舰载夜间战斗机，绰号“空中骑士”，同时也是世界上最早的喷气式夜间战斗机。该战斗机于1946年开始设计，1948年3月23日进行首次飞行，总共生产了268架。F-10主要在美国海军中服役，但也曾参加过许多场局部战争，最终于1978年正式退役。

美国F-14“雄猫”战斗机

小档案

机身长度：	19.1米
机身高度：	4.88米
翼　展：	19.54米
空　重：	19838千克
最大速度：	2485千米/小时

F-14是美国格鲁曼公司研制的舰载战斗机，绰号“雄猫”，专门负责以航空母舰为中心的舰队防卫任务，还用于替换性能逐渐落伍的F-4“鬼怪”Ⅱ战斗机。不仅如此，F-14战斗机还是世界上服役较早的第四代战斗机。按1998年币值计算，F-14战斗机的单位造价约为3800万美元。F-14战斗机的综合飞行控制系统、电子反制系统以及雷达系统等都十分优秀。

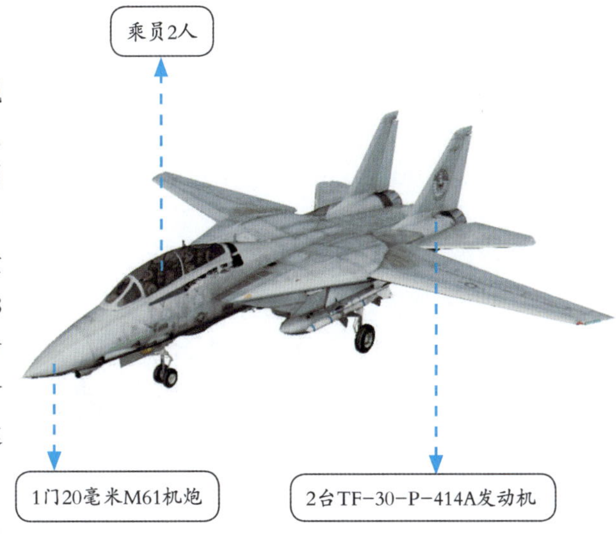

美国F-15“鹰”式战斗机

小档案

项目	数据
机身长度：	19.43米
机身高度：	5.68米
翼　展　：	13.03米
空　重　：	12973千克
最大速度：	3000千米/小时

F-15“鹰”式战斗机是美国麦克唐纳·道格拉斯公司研制的全天候双发战斗机，于1976年1月开始服役。按照1998年的币值，F-15战斗机的单位造价约2990万美元。该战斗机是一款极为优秀的多用途战斗机，拥有极其出色的空战性能。F-15战斗机的生产数量较高，改进型号也较多，并且拥有极为丰富的实战经验，它在战场上击落了上百架敌机，却没有一架在战场上被击落的记录。

美国F-16“战隼”战斗机

小档案

项目	数据
机身长度：	15.02米
机身高度：	5.09米
翼　展　：	9.45米
空　重　：	8272千克
最大速度：	2173千米/小时

F-16是通用动力公司研制的喷气式战斗机，绰号“战隼”，同时也是世界上产量最高的第四代战斗机，外销近30个国家和地区。F-16战斗机凭借优异的作战性能，成为最成功的轻型战斗机之一。F-16战斗机的机身采用半硬壳式结构，外形短粗，机翼为悬臂式中单翼，与机身采用翼身融合体形连接，平面几何形状为切角三角形，可发射多种空对地导弹、空对舰导弹以及空对空导弹。

美国F-22"猛禽"战斗机

小档案

机身长度：	18.92米
机身高度：	5.08米
翼　展　：	13.56米
空　重　：	19700千克
最大速度：	2410千米/小时

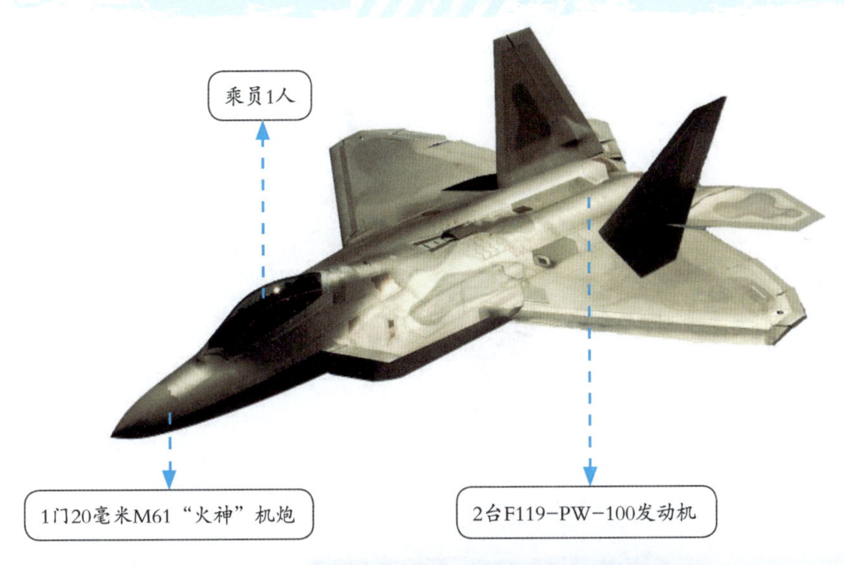

F-22是由美国洛克希德·马丁公司和波音公司联合研制的单座双发高隐身性战斗机，同时也是世界上第一种进入服役的第五代战斗机，绰号"猛禽"。该战斗机拥有出色的综合作战能力，还具备超音速巡航、超视距作战、高机动性以及高隐形能力，据称它的作战能力是F-15战斗机的2～4倍。按照2009年的币值，F-22战斗机的单位造价高达1.5亿美元，堪称世界上最昂贵的现役战斗机。

▲ F-22 战斗机进行飞行表演

▲ F-22 战斗机在高空飞行

美国F-35“闪电”Ⅱ战斗机

小 档 案

机身长度：	15.7米
机身高度：	4.33米
翼　展　：	10.7米
空　重　：	13300千克
最大速度：	1931千米/小时

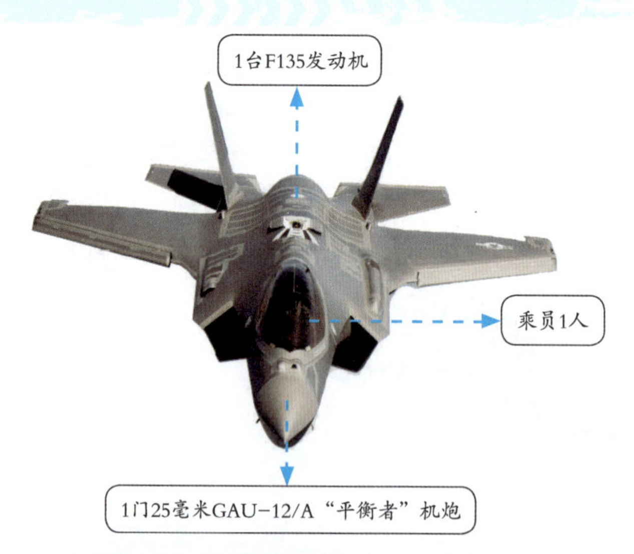

F-35“闪电”Ⅱ是美国洛克希德·马丁公司设计及生产的单座单发战斗机，于2015年7月开始服役，主要用于前线支援、目标轰炸、防空截击等多种任务。该战斗机属于具有隐身设计的第五代战斗机，具备先进的电子系统以及一定的超音速巡航能力。按照2016年币值，F-35战斗机的单位造价约1.16亿美元。

▲ F-35战斗机进行编队飞行

▲ F-35战斗机自战舰上起飞

苏联拉-9战斗机

小档案	
机身长度：	8.62米
机身高度：	2.54米
翼　展　：	9.8米
空　重　：	2600千克
最大速度：	690千米/小时

拉-9是20世纪40年代末性能较为先进的活塞式战斗机。拉-9的原型机于1946年6月16日进行首次飞行，1946年11月投入批量生产，1947年开始装备部队。但由于当时喷气式战斗机已开始装备部队，所以拉-9仅生产了约1000架，并于1953年停产。拉-9战斗机基本保持了拉-7战斗机的气动布局以及外形特点，主要改进的地方是采用了全金属结构、层流翼形等。

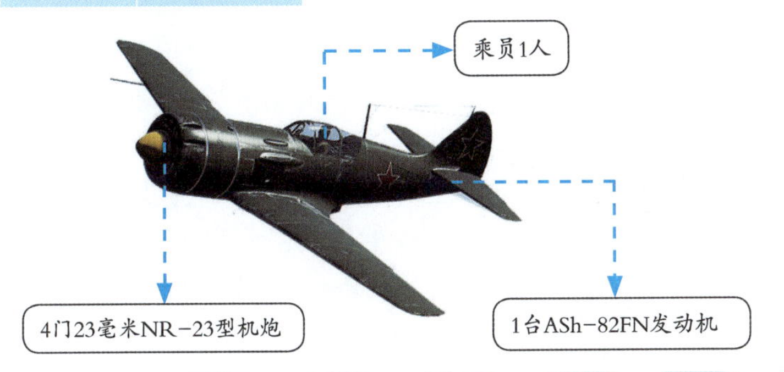

苏联拉-11战斗机

拉-11是苏联拉沃金设计局研制的单座战斗机，原型机是拉-9战斗机。拉-11战斗机是苏联最后的活塞式战斗机，在螺旋桨战斗机中，它的性能优越。拉-11与拉-9的外形和机体结构都基本相同，在外观上的主要差别是将滑油冷却器进气口从机身下方（拉-9）移至机头发动机整流罩内下部的位置（拉-11），并且增大了机内燃油储量。

小档案	
机身长度：	8.63米
机身高度：	2.8米
翼　展　：	9.8米
空　重　：	2770千克
最大速度：	674千米/小时

乘员1人

3门23毫米NR-23型机炮

1台ASh-82FN活塞发动机

苏联雅克-38战斗机

小档案	
机身长度：	16.37米
机身高度：	4.25米
翼　展　：	7.32米
空　重　：	7385千克
最大速度：	1280千米/小时

雅克-38是雅科夫列夫试验设计局为苏联海军研制的舰载垂直起降战斗机，主要用于对地面和海面的目标进行低空攻击，并且具有一定的舰队防空能力。雅克-38战斗机的主翼可以向上折叠，以节省存放空间。当然，该机也有不少缺点，例如机械结构较为复杂，垂直起飞时耗油量较大，还需要协调3台发动机共同工作，从而导致故障率较高，因此，雅克-38战斗机在垂直升降时如有意外发生，弹射座椅会自动弹射。

小 档 案	
机身长度：	9.75米
机身高度：	2.59米
翼　展　：	10米
空　重　：	3540千克
最大速度：	910千米/小时

苏联米格-9战斗机

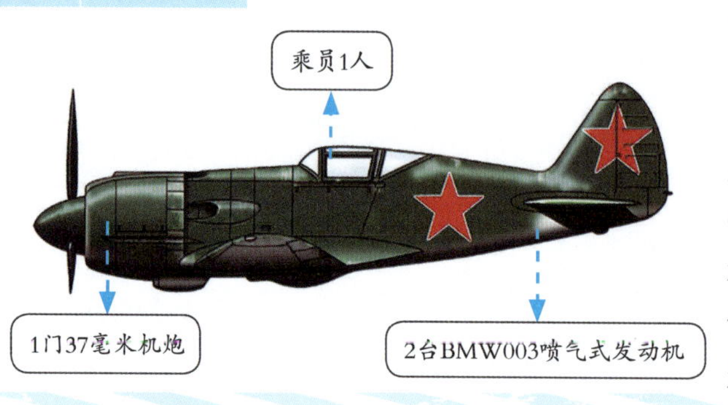

米格-9是苏联二战后研制的首批喷气式战斗机之一，由米高扬设计局研发。米格-9的原型机于1946年3月出厂，同年4月24日首飞成功。该机气动布局为单座、双发动机、机头进气、中单翼平直机翼。除此之外，即使米格-9战斗机速度快、升限高，但还是具备早期喷气战斗机的一切缺点，其中出动性、可靠性以及机动性都很成问题，不过米格-9战斗机揭示了喷气时代的很多气动、操控、设计、制造上的特点，是苏联航空工业的里程碑。

苏联米格-15“柴捆”战斗机

米格-15“柴捆”是20世纪40年代末期苏联米高扬设计局研制的第一代战斗机，且各型总产量超过18000架，曾装备苏联、波兰、捷克斯洛伐克、埃及、保加利亚等38个国家，是苏联制造数量最多的一型喷气式战斗机。该战斗机于1946年开始研制，1947年6月首次试飞。米格-15战斗机是世界上第一种实用的后掠翼飞机，并且已经具备了现代喷气式飞机的雏形，由于没有装备雷达，所以米格-15战斗机不具备全天候作战能力。除了航程较短外，米格-15战斗机在当时还拥有最先进的性能指标。

小 档 案	
机身长度：	10.1米
机身高度：	3.7米
翼　展　：	10.1米
空　重　：	3580千克
最大速度：	1075千米/小时

小 档 案	
机身长度：	11.26米
机身高度：	3.8米
翼　展　：	9.63米
空　重　：	3798千克
最大速度：	1114千米/小时

苏联米格-17“壁画”战斗机

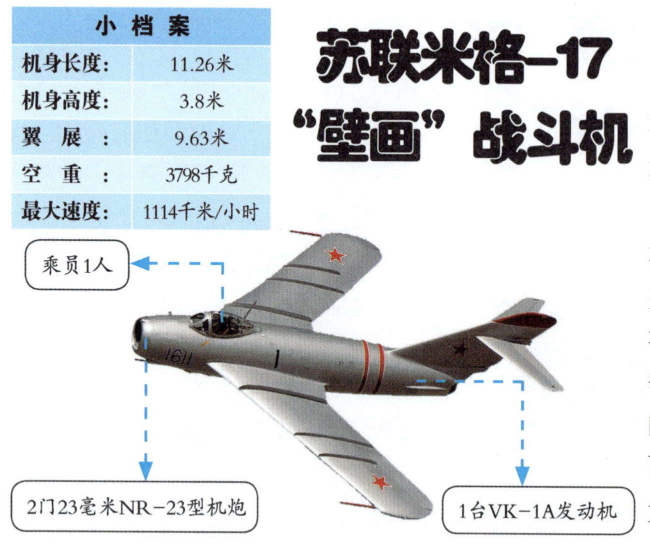

米格-17“壁画”是苏联米高扬设计局研制的单座高亚音速战斗机，是在米格-15的基础上发展而来。该战斗机于1948年设计，1949年12月开始试飞，1952年进入苏联空军服役。米格-17战斗机的机身结构与米格-15一样，同为半硬壳全金属结构，但是米格-17采用中单翼布局，后掠角45度双梁结构，而且尾翼、垂直尾翼分成上下两段，下段固定在机身的承力斜框上，上段可以拆卸。在其他方面，米格-17战斗机保持了米格-15的最大飞行高度以及爬升速度快的优点。

苏联米格-19“农夫”战斗机

小 档 案

项目	数据
机身长度：	12.5米
机身高度：	3.9米
翼 展 ：	9.2米
空 重 ：	5447千克
最大速度：	1455千米/小时

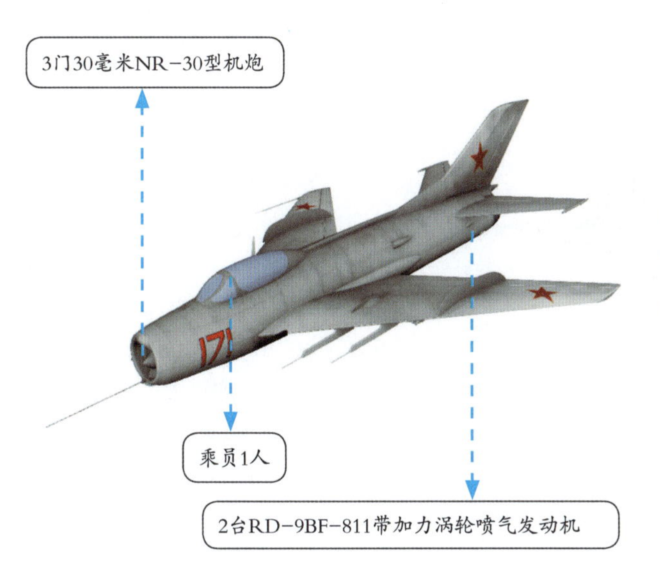

米格-19“农夫”是米高扬设计局研制的最后一种传统后掠翼布局的战斗机，也是世界上第一种批量生产的超音速战斗机。该战斗机于 1953 年 9 月 18 日首次试飞，1955 年开始服役。20 世纪 60 ～ 70 年代，米格-19 战斗机是苏联国土防空部队的主要装备。它具有爬升快、加速性和机动性好、火力强等优点，而且还可以全天候作战，主要用于空战、争夺制空权，也可实施对地攻击。

小 档 案

项目	数据
机身长度：	15.4米
机身高度：	4.13米
翼 展 ：	7.15米
空 重 ：	5700千克
最大速度：	2125千米/小时

苏联/俄罗斯米格-21战斗机

米格-21 是米高扬设计局于 20 世纪 50 年代初期研制的一种单座单发超音速战斗机，于 1956 年首飞，1959 年正式服役，直到现在仍有不少国家还在继续使用。米格-21 战斗机除了进行高空高速截击、侦察外，还可用于对地攻击。该机的最大特点是轻巧、灵活、爬升快、跨音速和超音速操纵性好、火力强，而且价格也较为便宜，适合大规模生产。

苏联/俄罗斯米格-23战斗机

小档案

机身长度:	16.7米
机身高度:	4.82米
翼　展　:	13.97米
空　重　:	9595千克
最大速度:	2445千米/小时

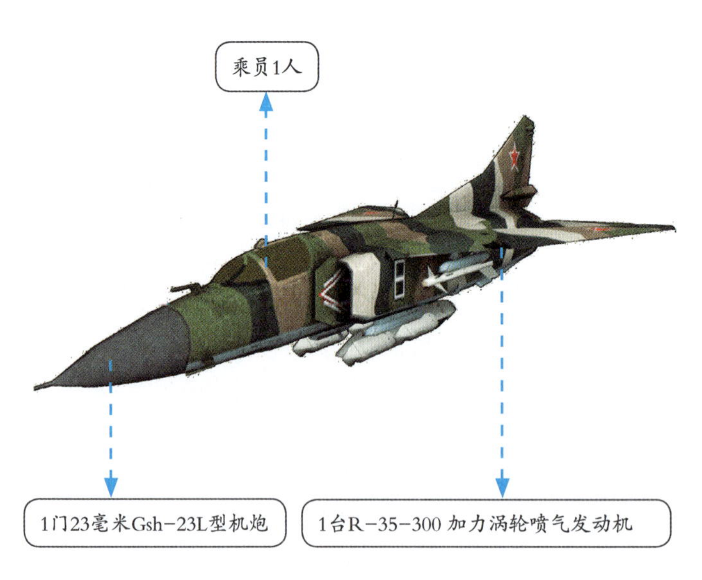

米格-23是米高扬设计局研制的多用途超音速战斗机，原型机于1967年6月进行首次试飞。该战斗机于1994年从俄罗斯退役，但至今仍在其他10多个国家服役。值得一提的是，米格-23战斗机突破了米格飞机重量轻、体积小、机动性能好的传统设计，并改为两侧进气，得以在头部安装大直径天线的火控雷达，实现了超视距攻击。

苏联/俄罗斯米格-25“狐蝠”战斗机

小档案

机身长度:	19.75米
机身高度:	6.1米
翼　展　:	14.01米
空　重　:	20000千克
最大速度:	3600千米/小时

米格-25“狐蝠”是米高扬设计局于20世纪60年代末期研制的高空高速截击战斗机，原型机于1964年首次试飞，1969年开始装备部队。米格-25战斗机大量采用了不锈钢结构，在设计上强调高空高速性能，还曾打破多项飞行速度和飞行高度的世界纪录。米格-25战斗机的气动布局与以前的米格飞机的传统风格有较大差别，它采用中等后掠上单翼、两侧进气、双发、双垂尾布局，这是该设计局与苏联中央空气流体动力学研究院共同的研究成果。

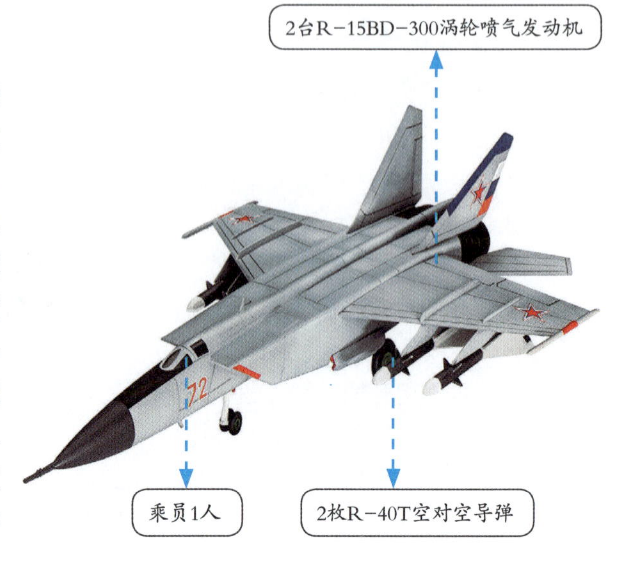

苏联/俄罗斯米格-29“支点”战斗机

小档案	
机身长度：	17.32米
机身高度：	4.73米
翼　展　：	11.36米
空　重　：	11000千克
最大速度：	2400千米/小时

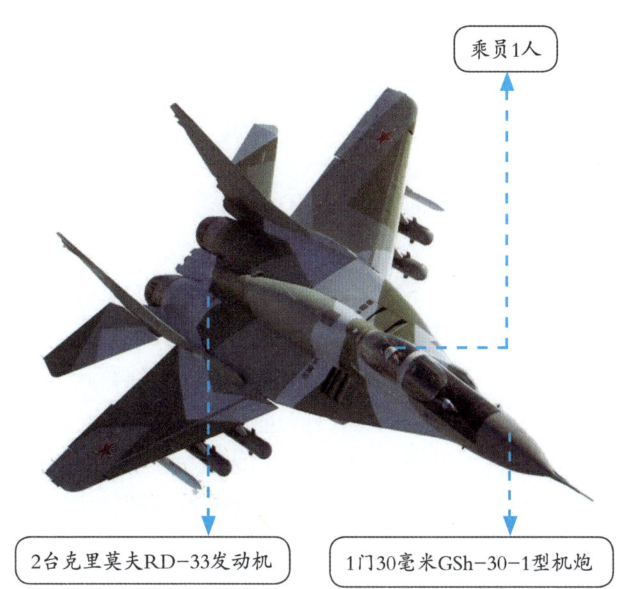

米格-29“支点”是苏联米高扬设计局研制的双发高性能制空战斗机，共有20余种改型，总生产数量超过1600架，除苏联/俄罗斯外还有30多个国家和地区曾使用过它，是一款出色的多用途战斗机。米格-29战斗机的机身结构主要由铝合金组成，为适应特定的强度和温度要求，少量部分采用了铝锂合金部件。该机在气动设计上的最大特色就是其精心设计的翼身融合体。

苏联/俄罗斯米格-31“捕狐犬”战斗机

小档案	
机身长度：	22.69米
机身高度：	6.15米
翼　展　：	13.46米
空　重　：	21820千克
最大速度：	3255千米/小时

米格-31“捕狐犬”是苏联米高扬设计局研制的串列双座全天候截击战斗机，由米格-25战斗机发展而来，所以其气动和外形方面与米格-25很相似。米格-31战斗机的主要改进型包括米格-31B、米格-31BM、米格-31M等，至今仍是俄罗斯空军主力战斗机之一。米格-31战斗机的最大特点是速度快、火力强，且机身为全金属，其中合金钢50%，钛合金16%，轻质合金33%，其余为复合材料。与米格-25战斗机相比，米格-31战斗机的机头更粗，翼展更大。

俄罗斯米格-35“支点”F战斗机

小档案

机身长度：	17.3米
机身高度：	4.7米
翼　展　：	12米
空　重　：	11000千克
最大速度：	2600千米/小时

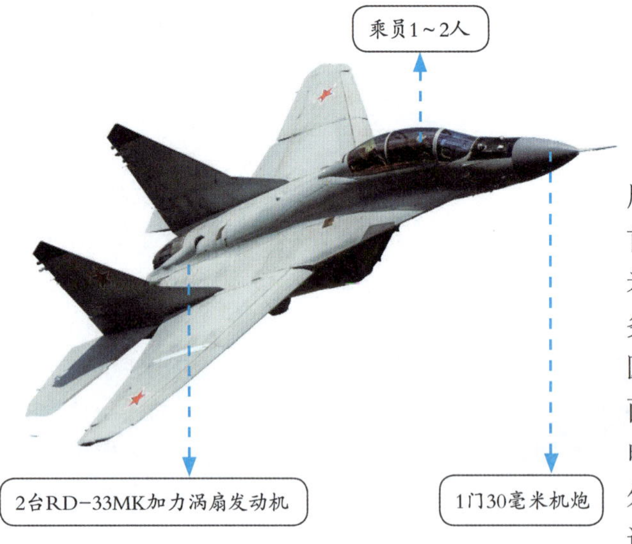

米格-35“支点”F是米高扬设计局研制的多用途喷气式战斗机，2007年首次试飞，计划于2018年开始服役。米格-35战斗机已经具备了执行多种任务的能力，可以在不进入敌方的反导弹区域时，全天候使用精确制导武器对地面和水面目标进行防区外打击，使用光电和无线电技术设备进行航空侦察。另外，该战斗机不仅配备了智能化座舱，还装有液晶多功能显示屏。

苏联/俄罗斯苏-27“侧卫”战斗机

小档案

机身长度：	21.94米
机身高度：	5.93米
翼　展　：	14.7米
空　重　：	17450千克
最大速度：	2876千米/小时

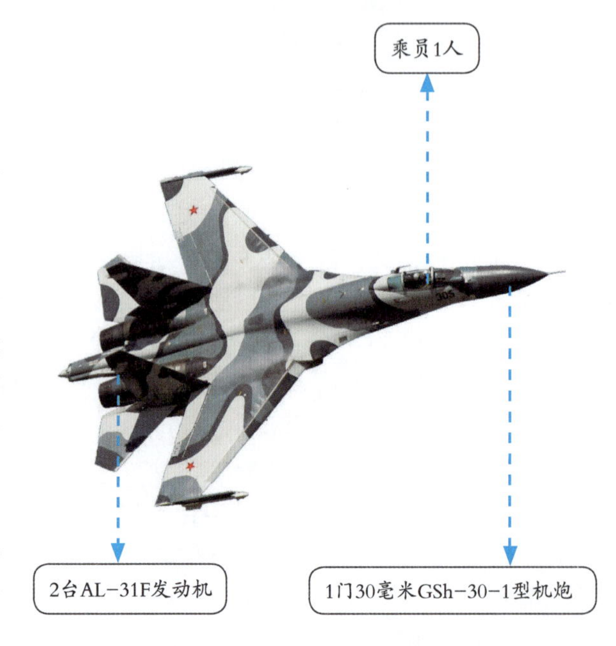

苏-27“侧卫”是苏霍伊设计局研制的单座双发全天候空中优势重型战斗机，属于第三代战斗机，它的原型机是T-10，主要任务是国土防空、护航、海上巡逻等。苏-27战斗机的机动性和敏捷性很好、续航时间长，能够进行超视距作战。除此之外，苏-27战斗机的基本设计与米格-29战斗机相似，不过个头要比后者大很多。苏-27战斗机的机身为全金属半硬壳式，机头略向下垂，采用翼身融合体技术，悬臂式中单翼，翼根外有光滑弯曲前伸的边条翼，双垂尾正常式布局。

苏联/俄罗斯苏-30“侧卫”C战斗机

小档案

机身长度：	21.935米
机身高度：	6.36米
翼 展 ：	14.7米
空 重 ：	17700千克
最大速度：	2120千米/小时

苏-30“侧卫”C 是苏霍伊设计局研制的一款多用途重型战斗机，最初称为苏-27PU，1989 年 12 月 31 日开始首飞，1996 年正式服役。苏-30 战斗机为双发双座设计，外形与苏-27 非常相似。苏-30 战斗机的油箱容量较大，具有长航程的特性，而且还具备空中加油能力。此外，苏-30 战斗机还具有超低空持续飞行能力、极强的防护能力以及出色的隐身性能，在缺乏地面指挥系统信息时仍可独立完成歼击与攻击任务，其中包括在敌方纵深执行战斗任务。

苏联/俄罗斯苏-33“侧卫”D战斗机

小档案

机身长度：	21.94米
机身高度：	5.93米
翼 展 ：	14.7米
空 重 ：	18400千克
最大速度：	2300千米/小时

苏-33 是苏霍伊设计局在苏-27 的基础上为苏联海军研制的单座双发舰载战斗机，1987 年 8 月 17 日首次试飞，其北约代号也延续自苏-27，被称为“侧卫”D 或“海侧卫”。苏-33 战斗机的机身结构与苏-27 战斗机基本相同，都由前机身、中央翼和后机身组成，为了避免飞离甲板的瞬间机身过重而翻覆，所以起飞时不能满载弹药和油料，这成为苏-33 战斗机的致命缺陷。

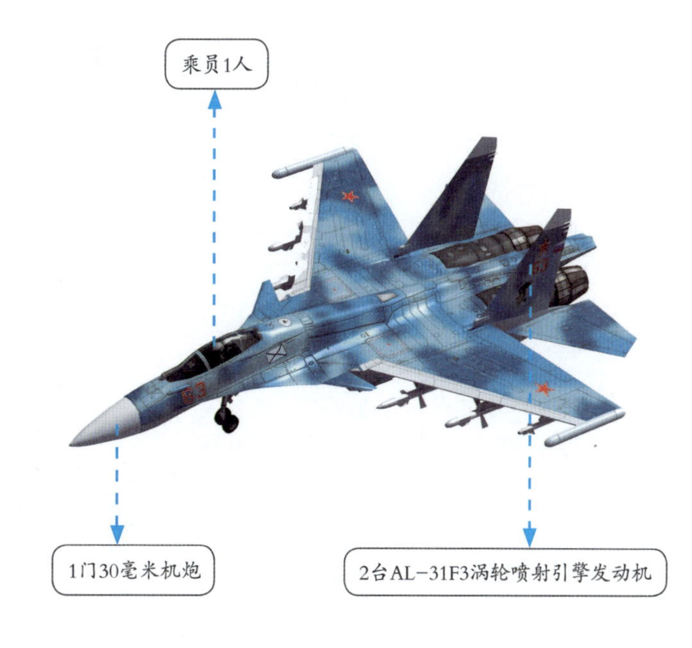

苏联/俄罗斯苏-35“侧卫”E战斗机

小档案

机身长度：	22.2米
机身高度：	6.43米
翼　展　：	15.15米
空　重　：	17500千克
最大速度：	2450千米/小时

苏-35“侧卫”E是苏霍伊设计局研制的单座双发、超机动性多用途重型战斗机，由苏-27战斗机改进而来，属于第四代半战斗机。其原型机苏-27M于1988年6月首次试飞，正式命名为苏-35后于2008年2月首次试飞。整体来说，苏-35战斗机的外形十分简洁，大部分天线、传感器都改为隐藏设计，但在机动性、加速性、电子设备性等各方面都全面优于苏-27战斗机。按照2014年的币值，苏-35战斗机的单位造价约为6500万美元。

▲ 苏-35战斗机上方视角

▲ 苏-35战斗机在高空飞行

俄罗斯苏-57战斗机

小档案

机身长度：	19.8米
机身高度：	4.8米
翼 展 ：	14米
空 重 ：	17500千克
最大速度：	2600千米/小时

苏-57战斗机是俄罗斯空军单座双发隐形多功能重型战斗机，也是俄罗斯第五代战斗机，具备隐身性能好、起降距离短、超机动性能以及超音速巡航等特点。苏-57战斗机机身的横截面为椭圆形，主要由钛铝合金建造，它的驾驶舱设计着重于飞行员的舒适性，使飞行员能够以极高的重力负载操驾下控制飞机，不仅如此，机上还配备了新型的弹射椅和维生系统。

▲ 苏-57战斗机上方视角

▲ 苏-57战斗机停留在地面

小档案	
机身长度：	9.1米
机身高度：	3.9米
翼　展　：	11.2米
空　重　：	2300千克
最大速度：	602千米/小时

英国“喷火”战斗机

“喷火”是二战期间英国的一款活塞式螺旋桨战斗机，是欧洲最优秀的活塞式战斗机之一。不仅如此，无论在技术上还是性能上，“喷火”战斗机都是英国当时最先进的战斗机，而且机身小得只能装一名飞行员。“喷火”战斗机的机动性比德国的同类战斗机略差，但稳定性较佳，可以大大减轻飞行员的负担。

英国“海怒”战斗机

小档案	
机身长度：	10.6米
机身高度：	4.9米
翼　展　：	11.7米
空　重　：	4190千克
最大速度：	740千米/小时

“海怒”是最后一种服役于英国海军的螺旋桨战斗机，是“狂怒”战斗机的舰载型。该战斗机一共生产了860架，但入役时二战已经结束，全部装备英国海军。该战斗机的许多设计与霍克“暴风”战斗机相似，但“海怒”战斗机是一种相当轻的飞机，其机翼和机身起源于“暴风”战斗机，但有显著修改或进行了重新设计。

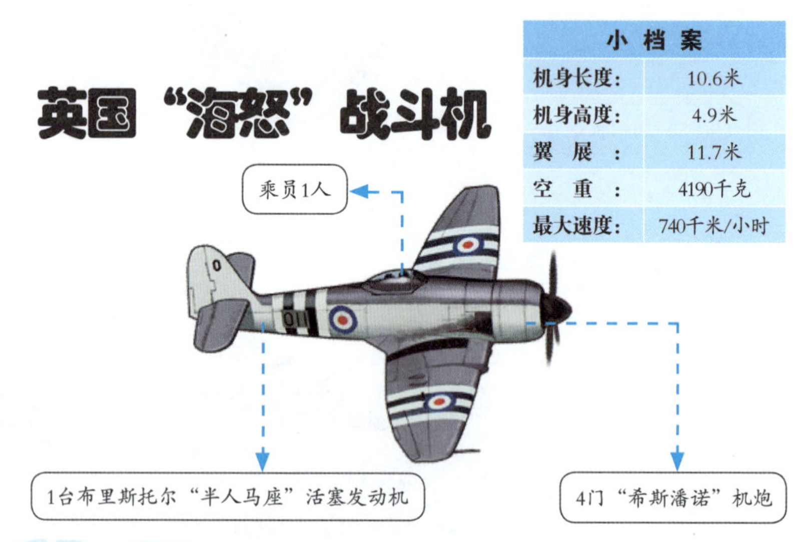

小档案	
机身长度：	11.21米
机身高度：	2.59米
翼　展　：	12.8米
空　重　：	4000千克
最大速度：	950千米/小时

英国“毒液”战斗机

“毒液”是英国德·哈维兰公司研制的单发战斗机。首批“毒液”FB.1战斗机于1951年开始服役，大多数FB.1战斗机还在生产线上时，德·哈维兰就推出了改进型号FB.4战斗机，1954年5月开始交付英国皇家空军150架，而且这两种型号都有出口，瑞士空军就采用了150余架。此外，“毒液”战斗机还有夜间战斗机版本和舰载机版本。

英国“猎人”战斗机

小档案	
机身长度:	14米
机身高度:	4.01米
翼 展 :	10.26米
空 重 :	6405千克
最大速度:	1150千米/小时

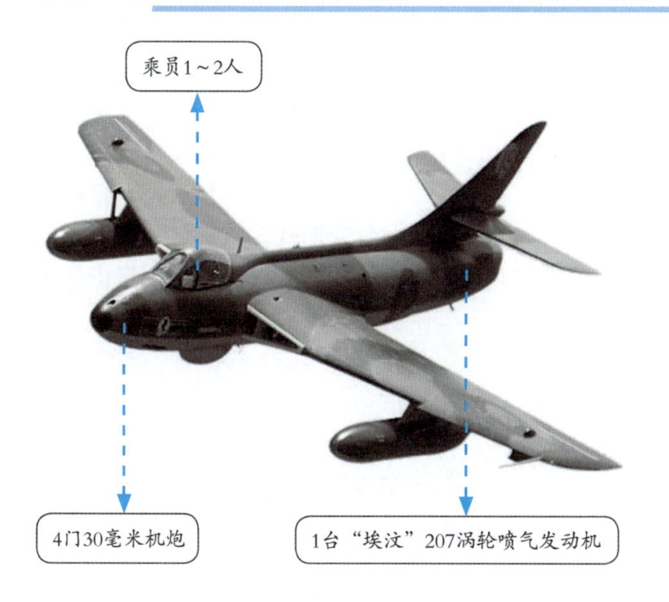

“猎人”是霍克·西德利公司研制的单发高亚音速喷气战斗机，同时也是英国二战后最成功的战斗机，机动性不逊于同时代任何一架喷气式战斗机。除装备英国皇家空军外，还出口超过19个国家。该战斗机有单座和双座机型，只安装简单的测距雷达，不具备全天候作战能力，但可用作对地攻击。

英国“弯刀”战斗机

小档案	
机身长度:	16.87米
机身高度:	4.65米
翼 展 :	11.33米
空 重 :	10869千克
最大速度:	1185千米/小时

“弯刀”是英国超级马林公司研制的喷气式战斗机。该战斗机采用中单翼设计，机翼中间的部分可以向上折起，以节省在航舰上的储存与操作空间，机翼前端是同样长度的前缘襟翼，以降低它的降落速度和保持良好的低速控制。此外，该战斗机的发动机位于机身两侧，有各自的进气口和进气道，主要负责提供稳定的气流。当然，武器装备除固定的4门30毫米机炮外，还可以在机翼下的两处挂架挂载各种弹药和副油箱。

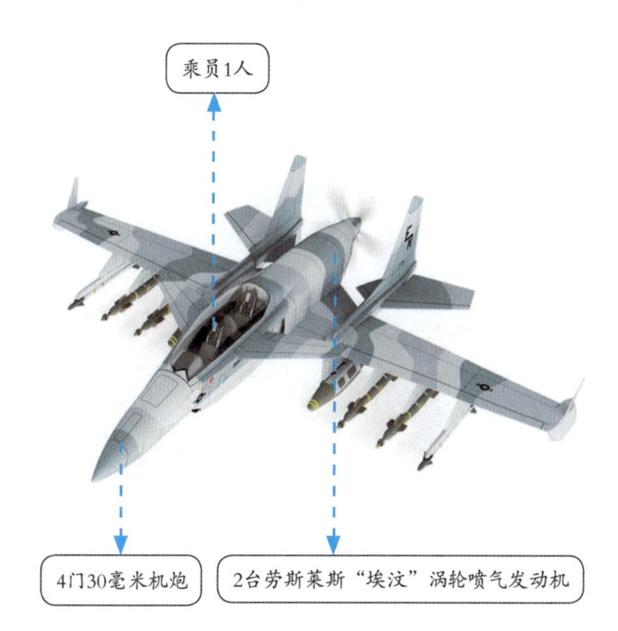

英国“标枪”战斗机

小档案	
机身长度：	17.15米
机身高度：	4.88米
翼　展　：	15.85米
空　重　：	10886千克
最大速度：	1140千米/小时

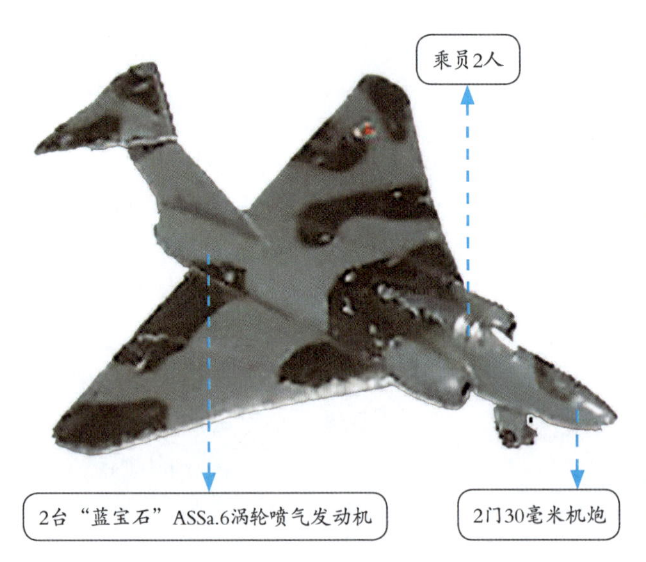

“标枪”是英国格罗斯特公司研制的双发亚音速战斗机，是英国研制的第一架三角翼战斗机，同时也是世界上最早使用三角形机翼的实用战斗机。该战斗机从 1946 年开始设计，共制造了 5 架原型机，第一架原型机于 1951 年 11 月首次飞行，第一架生产型于 1954 年 7 月首次飞行，1956 年开始装备部队。该战斗机有 9 种改型，共生产了 381 架，1960 年 8 月停产。“标枪”战斗机主要依靠截击雷达和空对空导弹作战。

英国“蚊蚋”战斗机

小档案	
机身长度：	8.74米
机身高度：	2.46米
翼　展　：	6.75米
空　重　：	2175千克
最大速度：	1120千米/小时

“蚊蚋”是英国弗兰德公司研制的单座轻型战斗机，1955 年 7 月原型机首次试飞，1959 年开始服役。由于“蚊蚋”战斗机的续航力较差，且对地攻击能力不足，所以英国空军未采用它为制式战机。它装有 2 门 30 毫米“阿登”机炮，可以外挂 2 枚 227 炸弹或 36 枚火箭弹。除英国外，芬兰和印度也有装备。

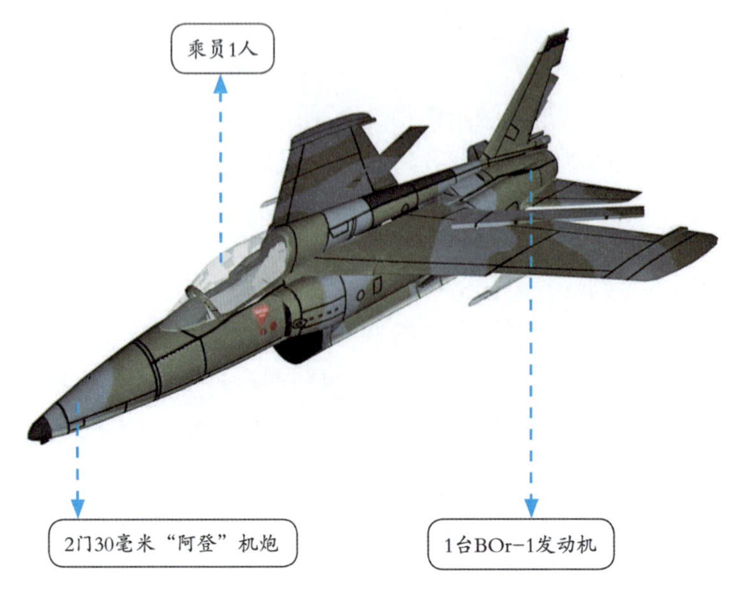

英国“闪电”战斗机

小档案	
机身长度:	16.8米
机身高度:	5.97米
翼　展　:	10.6米
空　重　:	14092千克
最大速度:	2100千米/小时

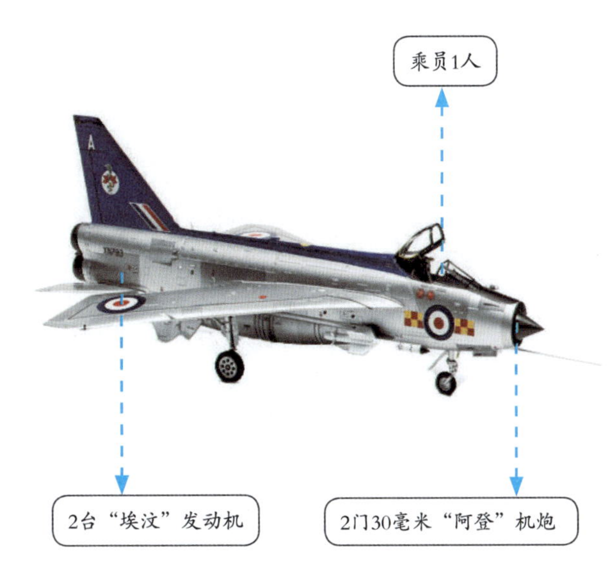

“闪电”是英国电气公司研制的双发单座喷气式战斗机，1952年12月原型机首次试飞，1959年进入英国空军服役，直到1988年才从一线战斗部队退役。虽然该战斗机航程较短、载弹量不多，但仍然是一种强劲、令人印象深刻的战斗机。“闪电”战斗机采用机头进气，而且机翼设计也十分独特：前缘后掠60度，并带缺口（作为涡流发生器用），后缘沿着飞机纵轴互为垂直的方向切平。更有趣的是，该战斗机的副油箱或导弹被高高地“驮”在机翼上表面的挂架之上，所以投出时需要采用弹射方式。

法国“暴风雨”战斗机

小档案	
机身长度:	10.73米
机身高度:	4.14米
翼　展　:	13.16米
空　重　:	4140千克
最大速度:	940千米/小时

“暴风雨”是法国达索公司在二战后研制的第一种喷气式战斗机，于1947年4月开始研制，1949年2月首次试飞。由于当时法国没有喷气式发动机，所以该战斗机选用了英国的发动机。从外观上看，“暴风雨”战斗机是典型的第一代喷气式战斗机：纺锤形机体、机头进气、平直下单翼、单垂尾，虽然“暴风雨”战斗机看上去比较简陋，但是这架飞机使达索公司积累了设计喷气式战斗机的经验，尤其是飞机与发动机的匹配问题。除法国外，以色列和印度也有装备。

法国“神秘”战斗机

小 档 案

机身长度：	11.7米
机身高度：	4.26米
翼　展　：	13.1米
空　重　：	5225千克
最大速度：	1060千米/小时

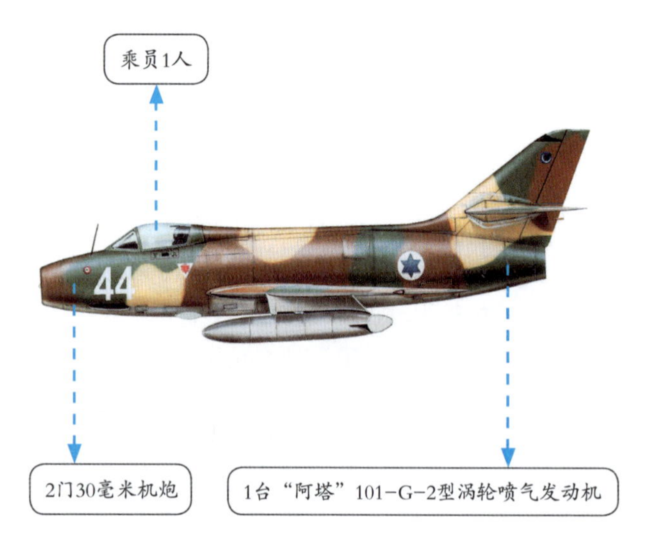

“神秘”是法国达索公司研制的单座喷气式战斗机，1950年底生产原型机，1951年2月进行首次飞行。该战斗机的生产持续到1957年，1963年从法国军队退役。“神秘”战斗机沿用了“暴风雨”战斗机的机身，但是为了安装机翼，中部做了一些改动，机翼的后掠角从“暴风雨”战斗机的14度增大到30度，机翼的相对厚度也要比原来的小，尾翼安装在机身的尾部。

法国“超神秘”战斗机

小 档 案

机身长度：	14.13米
机身高度：	4.6米
翼　展　：	10.51米
空　重　：	6390千克
最大速度：	1195千米/小时

“超神秘”是法国达索公司研制的超音速战斗机，于1955年3月首次试飞，次年开始批量生产。该战斗机在安装1台带加力燃烧室的“阿塔”101涡轮喷气发动机后，便成为西欧各国空军中第一种平飞速度超过音速的战斗机。“超神秘”战斗机装有一门双联德发551型30毫米机炮，翼下可挂载907千克火箭弹或炸弹。

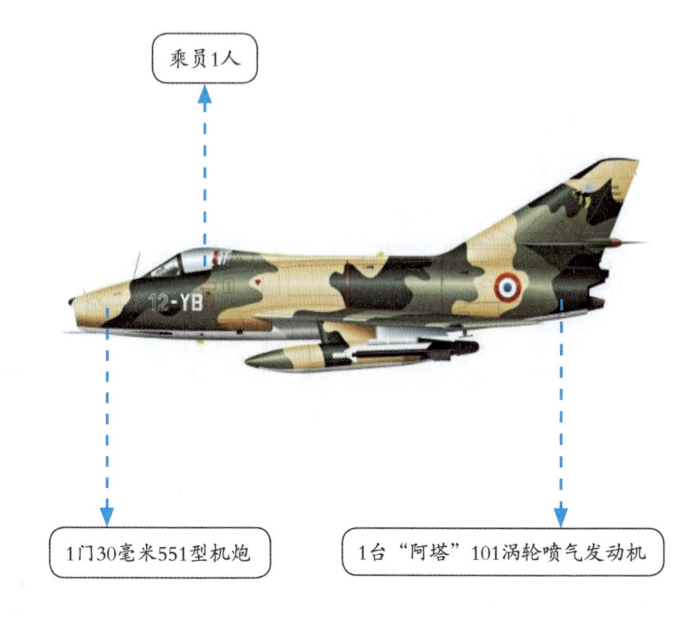

法国“幻影”Ⅲ战斗机

小 档 案

机身长度:	15米
机身高度:	4.5米
翼 展 :	8.22米
空 重 :	7050千克
最大速度:	2350千米/小时

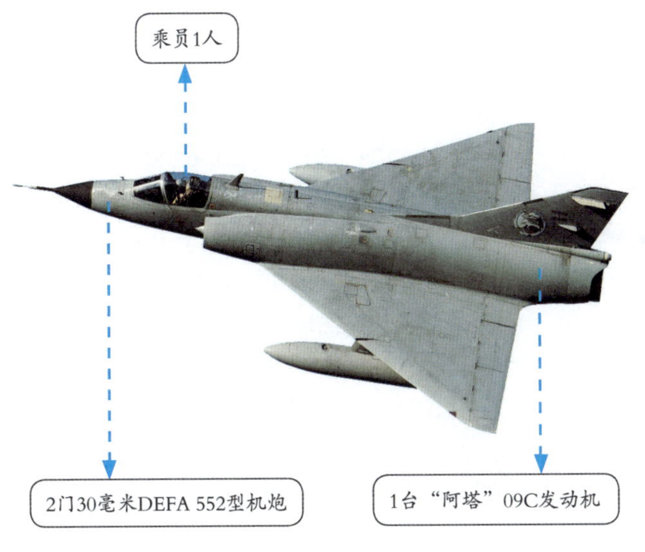

“幻影”Ⅲ是法国达索公司研制的单座单发战斗机，主要任务是截击和制空，也可用于对地攻击，1956年11月原型机首次试飞。该战斗机具有操作简单、维护方便的优点，主要武器包括2门固定30毫米机炮以及7个外挂点。“幻影”Ⅲ战斗机采用后掠角60度的三角形机翼，取消了平尾，尖锐的机头罩内装有搜索截击雷达天线，机身采用“面积律”设计，进气口采用机身侧面形式，为半圆形带锥体。

法国“幻影”F1战斗机

小 档 案

机身长度:	15.3米
机身高度:	4.5米
翼 展 :	8.4米
空 重 :	7400千克
最大速度:	3300千米/小时

“幻影”F1是法国达索公司研制的空中优势战斗机，是“幻影”Ⅲ战斗机的改良型，1966年12月23日首次试飞。它配备不同的武器和设备，能够完成制空、截击、低空对地攻击等不同的任务，其首要任务是全天候高空截击。此外，“幻影”F1的性能非常适合用于低空低速下的地面支援。

法国“幻影”2000战斗机

小档案	
机身长度：	14.36米
机身高度：	5.2米
翼　展　：	9.13米
空　重　：	16350千克
最大速度：	2530千米/小时

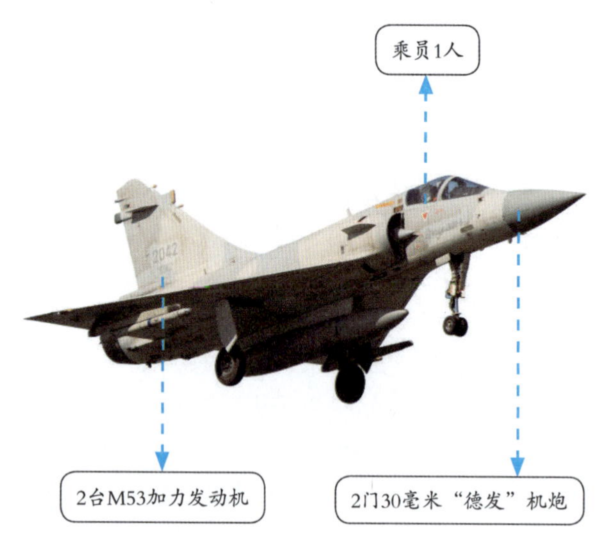

“幻影”2000是法国达索公司研制的多用途战斗机，第一架原型机于1978年3月首次试飞，生产型飞机于1983年开始交付部队使用，1984年开始在法国空军服役。除法国外，该机还先后被埃及、希腊、印度、秘鲁、卡塔尔和阿拉伯联合酋长国采用。该战斗机共有9个武器外挂点，其中5个在机身下，4个在机翼下，可挂装的武器品种多、数量大、毁伤威力强。“幻影”2000战斗机重新启用了“幻影”Ⅲ战斗机的无尾三角翼气动布局，飞行性能较好，机载电子设备也比较完善，技术也很先进。

法国“幻影”4000战斗机

小档案	
机身长度：	18.7米
机身高度：	5.8米
翼　展　：	12米
空　重　：	13000千克
最大速度：	2445千米/小时

“幻影”4000是法国达索公司研制的双发重型战斗机，于1979年3月9日首飞，在试飞期间该机显示出来的性能完全能与F-15战斗机匹敌。但是，由于采购单价太高、政府订购不足、出口不利等原因，使得“幻影”4000战斗机计划破灭，最终于1995年运往巴黎，成为勒布尔歇博物馆的永久展品。

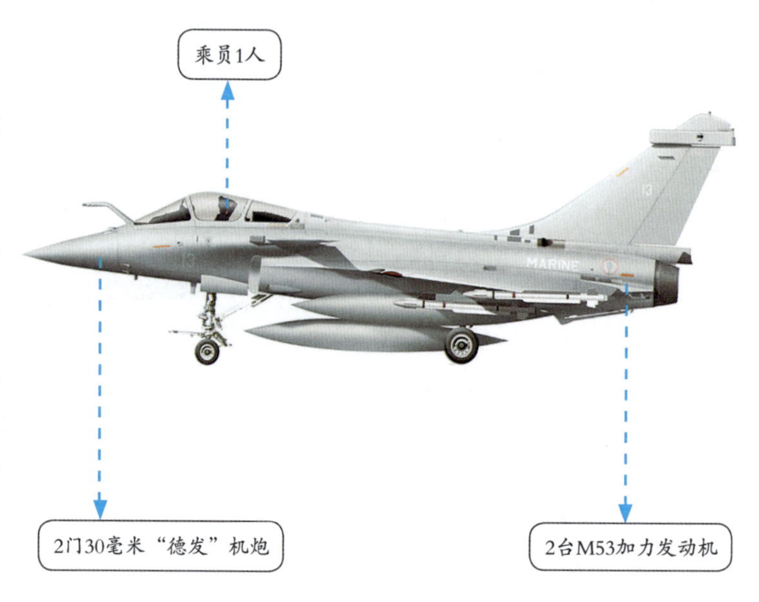

法国“阵风”战斗机

小 档 案

机身长度：	15.27米
机身高度：	5.34米
翼　展　：	10.8米
空　重　：	9500千克
最大速度：	2130千米/小时

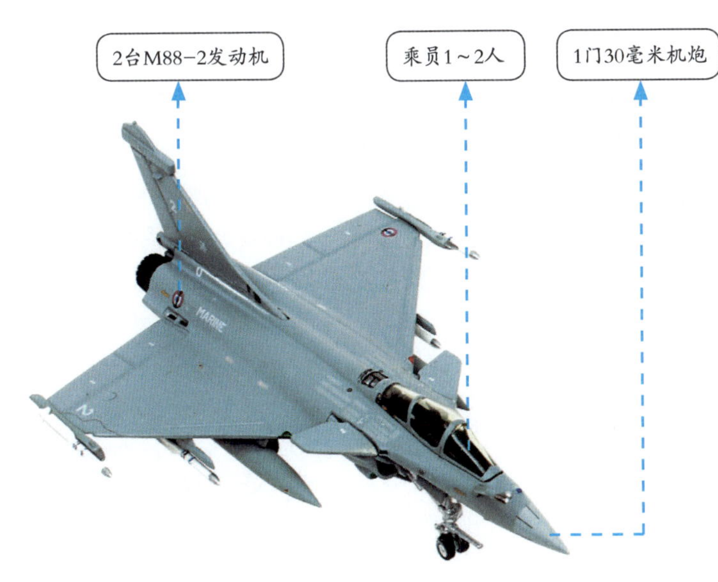

“阵风”战斗机是法国达索公司研制的双发多用途战机，属于第四代战斗机，1986 年 7 月原型机首次试飞，2000 年 12 月 4 日正式服役。“阵风”战斗机真正的优势在于多用途作战能力，并且这款战斗机是世界上“功能最全面”的，不仅海空兼顾，而且空战以及对地、对海攻击能力都十分强大。

德国Bf-109战斗机

小 档 案

机身长度：	8.95米
机身高度：	2.6米
翼　展　：	9.925米
空　重　：	2247千克
最大速度：	640千米/小时

Bf-109 战斗机是二战中德国空军主力战斗机，由德国梅塞施密特飞机公司研制。该战斗机在设计中采用了当时最先进的空气动力外形、可收放式的起落架、可开合的座舱盖、下单翼、自动襟翼等。它的应用超越了其最初设计目的，并衍生出包括战斗轰炸机、夜间战斗机和侦察机在内的多种型号。

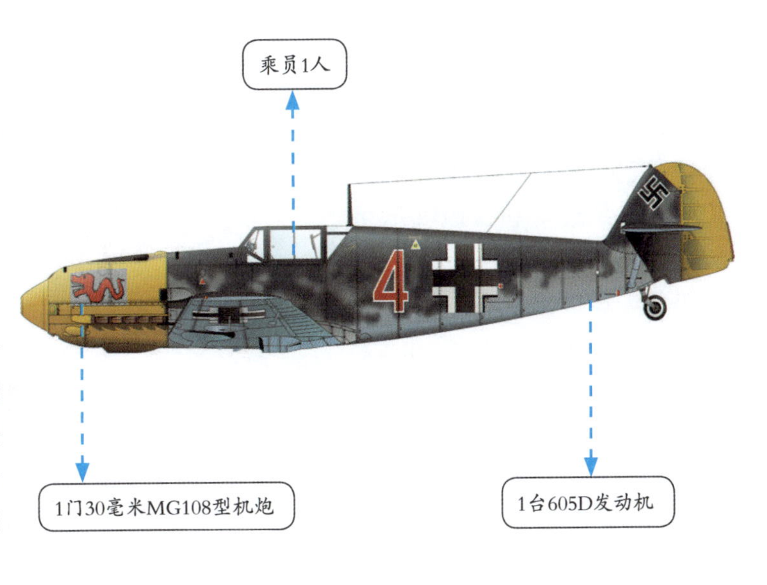

德国Me-262“雨燕”战斗机

小档案	
机身长度:	10.6米
机身高度:	3.5米
翼　展　:	12.51米
空　重　:	3800千克
最大速度:	870千米/小时

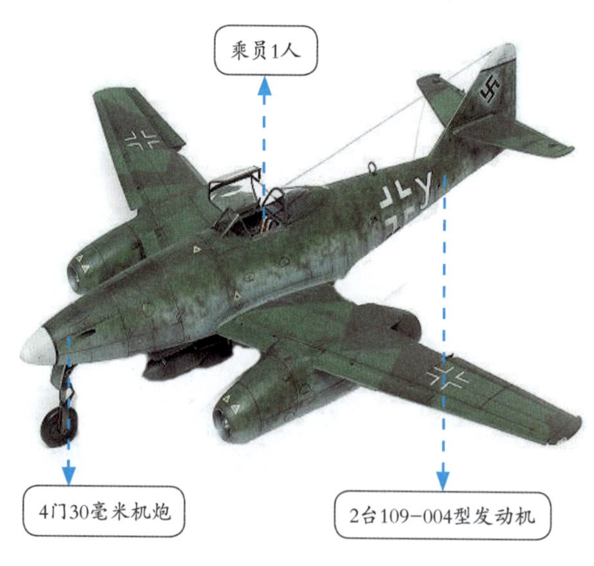

Me-262“雨燕”是德国梅塞施密特飞机公司在二战末期为德国空军制造的一种喷气式飞机，于1944年首度投入实战，是人类航空史上第一种投入实战的喷气战斗机，与同一时期英国制造的“流星”战斗机齐名。Me-262战斗机是一种全金属半硬壳结构轻型飞机，流线形机身有一个三角形的断面，机头集中装备4门30毫米机炮和照相枪。另外，半水泡形座舱盖位于机身中部，可以向右打开。

瑞典SAAB-29“圆桶”战斗机

小档案	
机身长度:	11米
机身高度:	3.75米
翼　展　:	10.23米
空　重　:	4845千克
最大速度:	1060千米/小时

SAAB-29“圆桶”是瑞典萨博公司研制的一款单发单座轻型喷气式战斗机，1948年9月1日首次试飞。第一批生产型SAAB-29于1952年1月开始服役，部队将其戏称为“会飞的圆桶”。SAAB-29战斗机的武器装备为4门20毫米机炮，翼下有4个挂架，由于主起落架距地高度太低，所以该战斗机的机腹下无法挂载武器设备，也就没有安装机腹挂架。

瑞典JAS 39 “鹰狮”战斗机

小档案	
机身长度：	14.1米
机身高度：	4.5米
翼　展　：	8.4米
空　重　：	6620千克
最大速度：	2204千米/小时

JAS 39是瑞典萨博公司研制的单座全天候战斗机，目前已服役于瑞典、捷克、匈牙利、泰国和南非等各国空军。该战斗机采用鸭形翼（前翼）与三角翼组合而成的近距耦合鸭式布局，机身广泛采用复合材料，出厂成本只有“台风”战斗机或“阵风”战斗机的三分之一，但同样具有良好的机敏性和较小的雷达截面，同时较小的机身也降低了飞机的耗油率。

欧洲“台风”战斗机

“台风”战斗机是欧洲战机公司研制的双发多功能战斗机，1994年第一架原型机试飞，2003年正式服役。从外形上来看，“台风”战斗机采用鸭式布局，矩形进气口位于机身下，机翼、机身、腹鳍、方向舵等部位大量采用碳纤维复合材料。除此之外，该战斗机的机动性强，具有短距起落能力和部分隐身能力。

小档案	
机身长度：	15.96米
机身高度：	5.28米
翼　展　：	10.95米
空　重　：	11150千克
最大速度：	2124千米/小时

欧洲“狂风”战斗机

小档案	
机身长度：	16.72米
机身高度：	5.95米
翼　展　：	13.91米
空　重　：	13890千克
最大速度：	2417千米/小时

乘员2人

2台涡轮风扇发动机

2门27毫米机炮

“狂风”是由德国、英国和意大利联合研制的双发战斗机，1974年9月命名为“狂风”，主要用于近距空中支援、战场遮断、截击、防空、对海攻击、电子对抗和侦察等。“狂风”战斗机采用串列式双座、可变后掠悬臂式上单翼设计，后机身内并排安装有两台涡轮风扇发动机。该机装有2门27毫米机炮，可各备弹188发，另外还设有7个外挂架，机身下3个，两翼下各2个，根据不同任务，这些挂架可挂载多种武器。

加拿大CF-100“加拿大人”战斗机

小档案	
机身长度：	16.5米
机身高度：	4.4米
翼　展　：	17.4米
空　重　：	10500千克
最大速度：	888千米/小时

CF-100“加拿大人”是阿弗罗加拿大公司设计的喷气式战斗机，1949年完成第一架原型机，1950年1月19日首飞。CF-100战斗机共生产了692架，除了装备加拿大皇家空军外，还有53架出口到了比利时。CF-100战斗机的武器装备为8挺12.7毫米机枪，其动力装置为两台“奥兰达”9发动机，单台推力为28.9千牛。

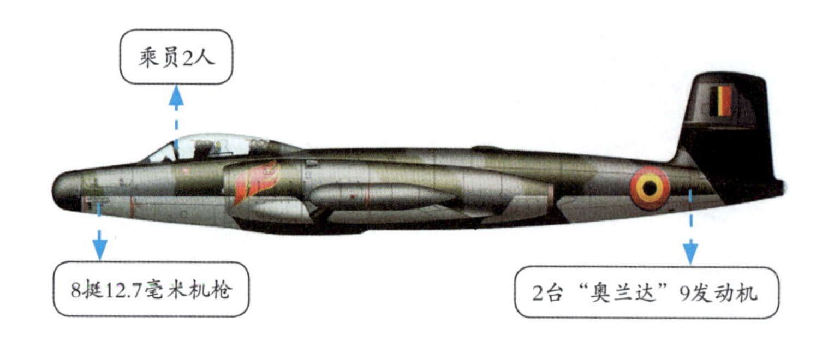

以色列“幼狮”战斗机

“幼狮”是以色列航太工业有限公司研制的单座单发战斗机，于1973年首次试飞，1976年开始服役。机身采用全金属半硬壳结构，前机身横截面的底部比“幻影”V战斗机更宽、更平，机头锥则是用以色列国产的复合材料制成。“幼狮”战斗机的动力装置为一台通用电气公司的J79-J1E涡轮喷气发动机。该战斗机共有9个外挂点，5个在机身下，每个机翼下各有2个。

小档案	
机身长度：	15.65米
机身高度：	4.55米
翼　展　：	8.22米
空　重　：	7285千克
最大速度：	2440千米/小时

以色列“狮”式战斗机

小档案	
机身长度：	14.57米
机身高度：	4.78米
翼　展　：	8.78米
空　重　：	7031千克
最大速度：	1965千米/小时

“狮”式是以色列航太工业公司研制的单座战斗机。该战斗机机动性较好，能高速突防，还有较高的战场生存能力。“狮”式战斗机采用了三角翼布局，最显著的优点是采用了新功能设备，特别是座舱完全使用主动式电脑飞行仪表，借其运作让飞行员专心处理战术方面的战斗，而不必担心监测和控制的各飞行子系统。航空电子设备方面，“狮”式战斗机被认为具有创新性和突破性，其中包括自我分析设备，使维护更加容易。

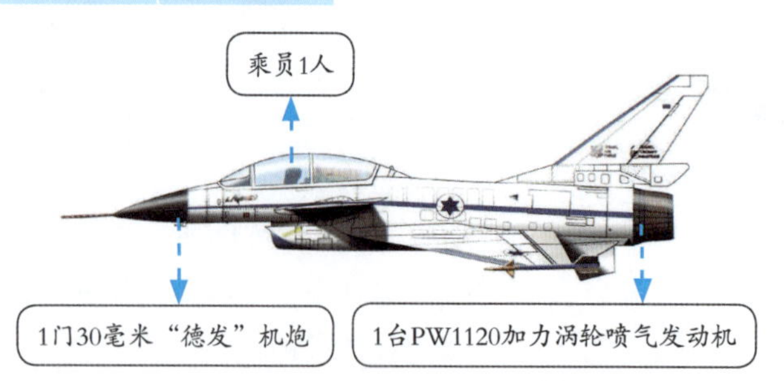

南非"猎豹"战斗机

小档案	
机身长度：	15.55米
机身高度：	4.5米
翼　展　：	8.22米
空　重　：	6600千克
最大速度：	2350千米/小时

"猎豹"是南非阿特拉斯公司在"幻影"Ⅲ战斗机的基础上改进而来的战斗机，第一架原型机于1986年7月诞生，同年首飞成功。除了一个加长的机鼻外，"猎豹"战斗机在气动布局方面的修改包括：机鼻两侧装上可以防止在高空下脱离偏航的"幼狮"战斗机小边条，一对固定在进气道的三角鸭翼，锯齿形外翼前缘，代替前缘翼槽的短翼刀。此外，在机体结构上的修改着重于延长主翼梁的最低寿命（800小时），而且，大约五成的机身接受了更新。

日本F-1战斗机

F-1是日本在二战后设计的第一种战斗机，是在T-2超音速教练机的基础上改进而成的，同时它也是日本第一款自制的超音速战斗机，因此也被称作"超音速零战"。日本原定生产126架该型战机，但后来因石油危机而导致经费不足，所以减少了将近一半的采购量，所有战斗机于2006年3月9日全部退役，而且该机在服役期间从未参加过实战任务。

小档案	
机身长度：	17.85米
机身高度：	4.45米
翼　展　：	7.88米
空　重　：	6358千克
最大速度：	1700千米/小时

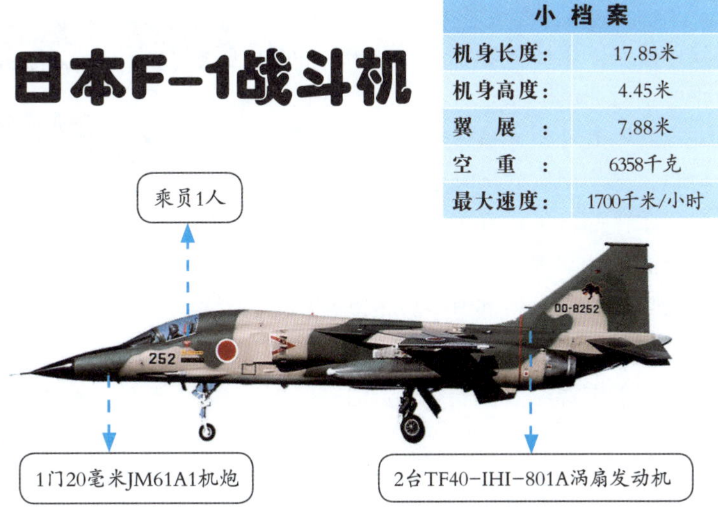

日本F-2战斗机

小档案	
机身长度：	15.52米
机身高度：	4.96米
翼　展　：	11.13米
空　重　：	9527千克
最大速度：	2469千米/小时

F-2是日本三菱重工与美国洛克希德公司合作研制的战斗机，起初这种飞机的研制型号被称为FS-X，后来正式定名为F-2战斗机。1995年10月首批4架原型机开始试飞，原本计划于1999年服役，但因试飞期间机翼出现断裂而推迟到2000年。F-2战斗机是以美国F-16C/D战斗机为蓝本设计的，所以其动力设计、外形以及搭载武器等方面都吸取了不少F-16的优点。

印度HF-24“风神”战斗机

小档案	
机身长度：	25.87米
机身高度：	3.6米
翼　展　：	9米
空　重　：	6195千克
最大速度：	1134千米/小时

HF-24是印度斯坦航空公司为印度空军研制的单座双发战斗机，也是印度本国研制的第一种超音速战斗机，于1956年开始设计，1961年6月原型机开始试飞。HF-24战斗机优异的操控特性得到广泛认同，绝大多数飞行员认为驾驶它能让人愉快，飞特技时有良好的操控反应，而且该战斗机视界良好，是空气动力学结构最简洁的飞机，飞行稳定，无需人工或自动增稳。

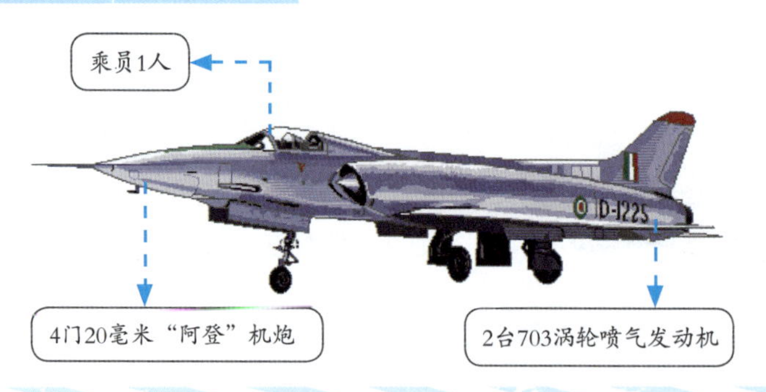

印度“光辉”战斗机

“光辉”战斗机是印度斯坦航空公司研发的单座单发轻型战斗机，也是印度自行研制的第一种高性能战斗机。“光辉”战斗机大量采用了先进的复合材料，这不但有效地降低了飞机的自重和成本，而且还加强了飞机在近距缠斗中对高空的承受能力。另外，战斗机的机体复合材料、机载电子设备以及相应软件都具有抗雷击能力，这使得“光辉”战斗机能够实施全天候作战。值得一提的是，“光辉”战斗机配有空中受油装置，在一定程度上提高了续航能力。

小档案	
机身长度：	13.2米
机身高度：	4.4米
翼　展　：	8.2米
空　重　：	6500千克
最大速度：	1920千米/小时

乘员1人

1门23毫米GSh-23型机炮

1台F404-GE-IN20发动机

埃及HA-300战斗机

小档案	
机身长度：	12.4米
机身高度：	3.15米
翼　展　：	5.84米
空　重　：	3200千克
最大速度：	2100千米/小时

HA-300是威利·梅塞施米特研制的一种轻型超音速战斗机。HA-300最初是一架无尾三角翼布局的飞机，到了埃及之后工程师修改了气动布局，在机身后部安装了水平尾翼。修改后的HA-300的外形看起来有点像米格-21，所以严格来说HA-300战斗机的气动布局是德国、西班牙和埃及工程师共同的心血结晶。

乘员1人

2门30毫米“希斯潘诺”机炮

1台E-300发动机

第3章

攻击机入门

攻击机是作战飞机的一种，主要用于从低空、超低空突击敌战术或浅近战役纵深内的目标，直接支援地面部队作战。为提高生存力，一般在其要害部位有装甲防护。本章主要介绍二战以来世界各国制造的经典攻击机，每种攻击机都简明扼要地介绍了其制造背景和作战性能，并有准确的参数表格。

美国A-20“浩劫”攻击机

小 档 案

机身长度:	14.63米
机身高度:	5.36米
翼　展　:	18.69米
空　重　:	7708千克
最大速度:	546千米/小时

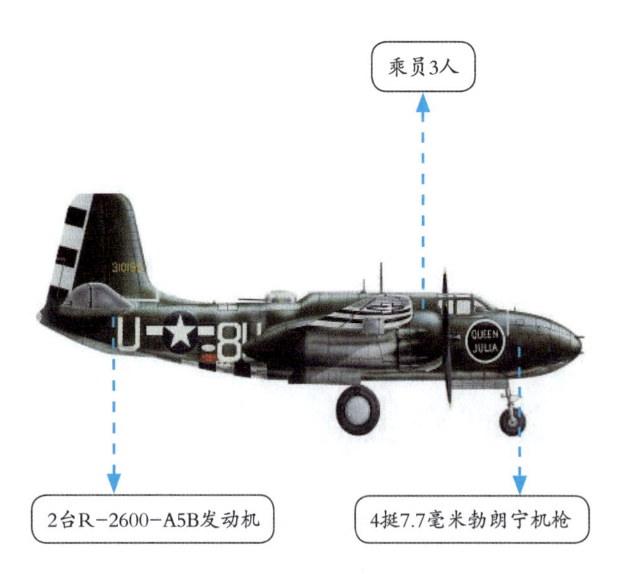

A-20“浩劫”是美国道格拉斯飞机公司研制的三座双发攻击机，可作为轻型轰炸机和夜间战斗机使用。该攻击机于1939年1月首次试飞，1941年1月开始服役，总产量为7478架。A-20攻击机的机翼安装在肩部，可收放的前三点式起落架，采用悬臂梯形平直上单翼和双发布局。该攻击机的机头可以集中安装多门机炮用来对地扫射，或改成透明玻璃机头供投弹手瞄准，此时机腹弹舱内挂有炸弹。座舱盖很长，前后分别坐有驾驶员和射手，后座常配备有机枪或遥控炮塔。

美国A-1“天袭者”攻击机

小 档 案

机身长度:	11.84米
机身高度:	4.78米
翼　展　:	15.25米
空　重　:	5429千克
最大速度:	518千米/小时

A-1“天袭者”是美国道格拉斯飞机公司研制的螺旋桨攻击机，1945年3月首次试飞，1946年开始服役，总产量为3180架。A-1攻击机采用全金属半硬壳式铝合金结构机身，在后机身两侧和机翼后方的机腹下有三片液压操纵的大型俯冲减速板，全金属悬臂下单翼，机翼为梯形平直翼。

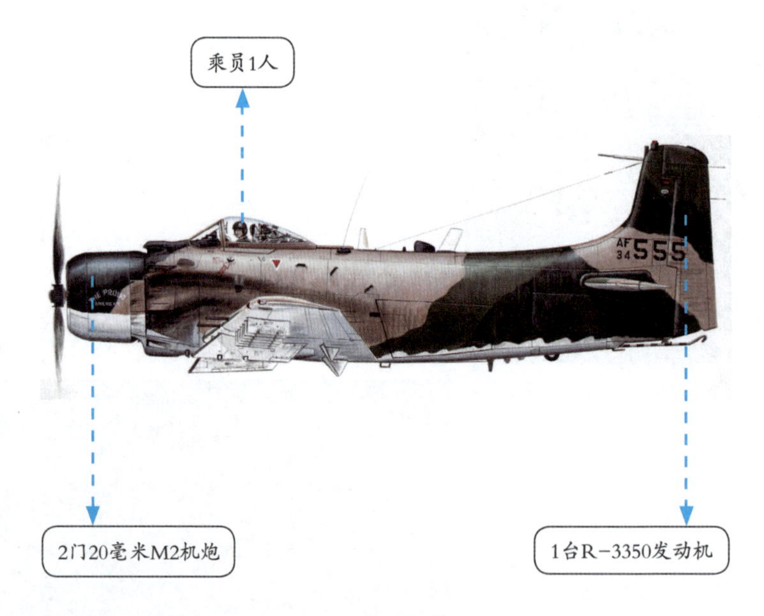

美国A-4“天鹰”攻击机

小档案	
机身长度：	12.22米
机身高度：	4.57米
翼 展 ：	8.38米
空 重 ：	4750千克
最大速度：	1077千米/小时

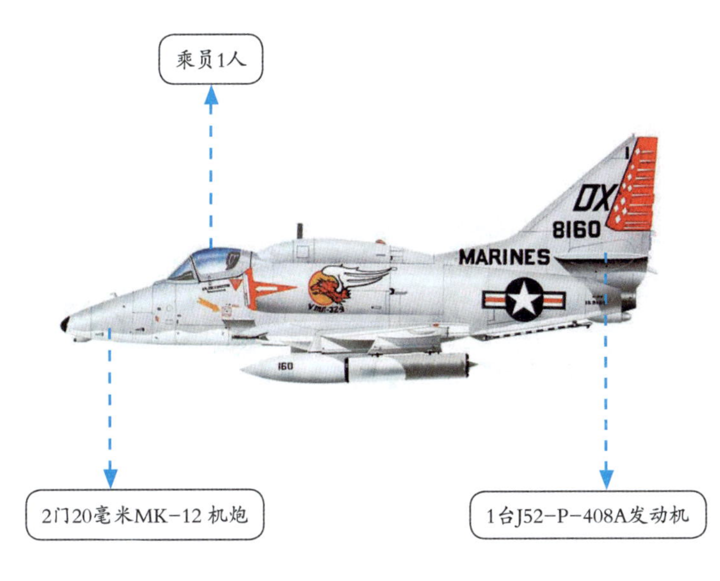

A-4“天鹰”是美国道格拉斯飞机公司研制的单座攻击机，1954年6月首次试飞，1956年10月开始服役，总产量为2960架。A-4攻击机设计精巧，造价相对低廉，在美国主要作为舰载攻击机使用，仅装备美国海军和海军陆战队。该攻击机采用下单翼布局，机翼为三角形机翼，由于翼展较短，所以就免去了机翼折叠机构，节省了不少重量并简化了结构。

美国A-6“入侵者”攻击机

小档案	
机身长度：	16.69米
机身高度：	4.93米
翼 展 ：	16.15米
空 重 ：	12525千克
最大速度：	1040千米/小时

A-6是美国格鲁曼公司生产的全天候重型舰载攻击机，绰号“入侵者”（Intruder）。1960年春季，8架原型机中首架出厂，同年4月19日首次试飞成功。1963年7月，A-6攻击机正式服役。A-6攻击机的机身为普通全金属半硬壳结构，装两台发动机的机身腹部向内凹。A-6的机翼设计使其能携带各种大小的弹药。该攻击机能携带共计8200千克各种大小的对地攻击武器，但没有安装固定机炮。该攻击机主要用于低空高速度突防，对敌方纵深目标实施攻击。

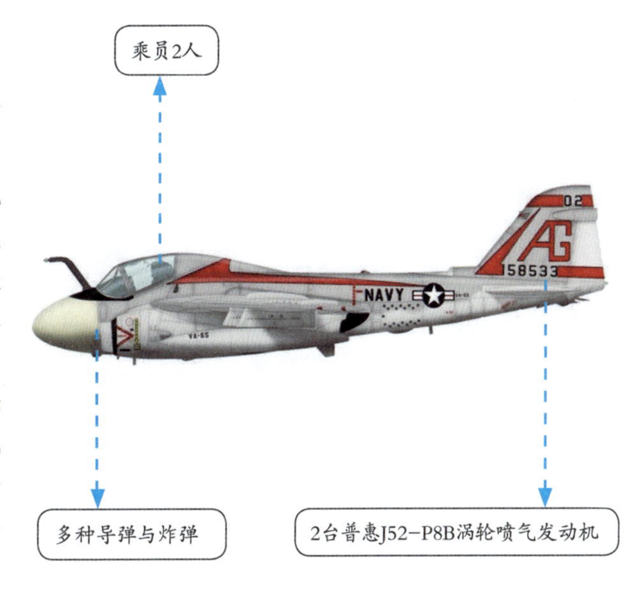

美国A-7“海盗”Ⅱ攻击机

小 档 案

机身长度:	14.06米
机身高度:	4.89米
翼　展　:	11.80米
空　重　:	8972千克
最大速度:	1065千米/小时

A-7“海盗”Ⅱ是美国沃特飞机公司研制的单座战术攻击机，主要用于取代A-4“天鹰”攻击机。该攻击机于1965年9月首次试飞，1967年2月开始服役，总产量为1569架。虽然该攻击机原本仅针对美国海军航母操作而设计，但因其性能优异，后来也获美国空军及国民警卫队接纳使用。

美国A-10“雷电”Ⅱ攻击机

小 档 案

机身长度:	16.16米
机身高度:	4.42米
翼　展　:	17.42米
空　重　:	11321千克
最大速度:	706千米/小时

A-10“雷电”Ⅱ是美国费尔柴德公司研制的双发单座攻击机，1972年5月首次试飞，1977年3月开始服役，总产量为716架。该攻击机主要执行密接支援任务，包括攻击敌方战车、武装车辆、重要地面目标等。A-10攻击机的火力强大、装甲厚实，能够有效对付利用地形掩护的地面部队，拥有美国其他战斗机和武装直升机所不具备的对地攻击能力。

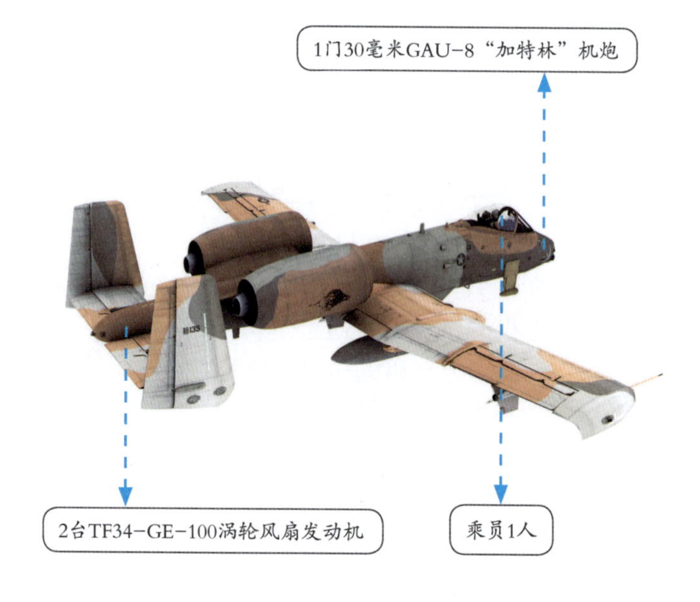

美国A-37“蜻蜓”攻击机

小档案	
机身长度:	8.62米
机身高度:	2.7米
翼展:	10.93米
空重:	2817千克
最大速度:	816千米/小时

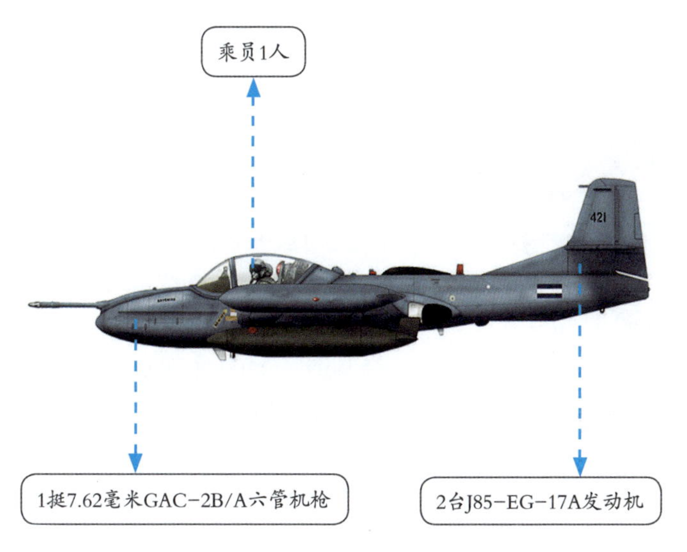

A-37“蜻蜓”（Dragonfly）攻击机于 1963 年 11 月首次试飞，同年开始批量生产，总产量为 577 架。美国空军曾使用 A-37 攻击机参加 20 世纪 60 年代后期的亚洲局部战争，凭借优异的低空机动性和高出击率，该攻击机在战争中发挥了极大威力。A-37 攻击机的低空机动性较好，其动力装置为两台通用电气 J85-EG-17A 发动机，单台推力 12.7 千牛。

美国AC-47“幽灵”攻击机

小档案	
机身长度:	19.6米
机身高度:	5.2米
翼展:	28.9米
空重:	8200千克
最大速度:	375千米/小时

AC-47“幽灵”攻击机是美国道格拉斯飞机公司以 C-47 运输机为基础改进而来的中型攻击机，1965 年开始服役，总产量为 53 架。AC-47 攻击机的机身较为短粗，呈流线形，后机身左侧有一个大舱门。由于火力强大，续航时间长，一架 AC-47 攻击机便可以封锁相当大的地域。AC-47 攻击机通常装有 3 挺 7.62 毫米 M134 机枪或 10 挺 7.62 毫米 M1919 机枪。

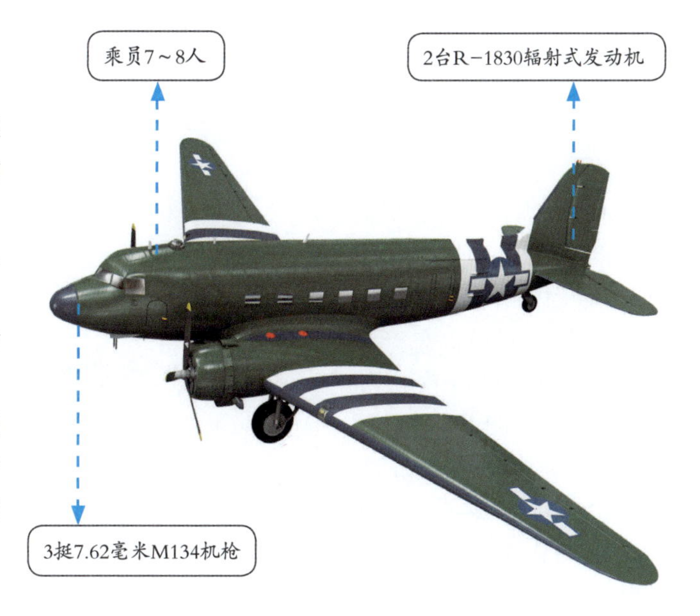

美国AC-119攻击机

小档案

机身长度:	26.36米
机身高度:	8.12米
翼　展　:	33.31米
空　重　:	18200千克
最大速度:	335千米/小时

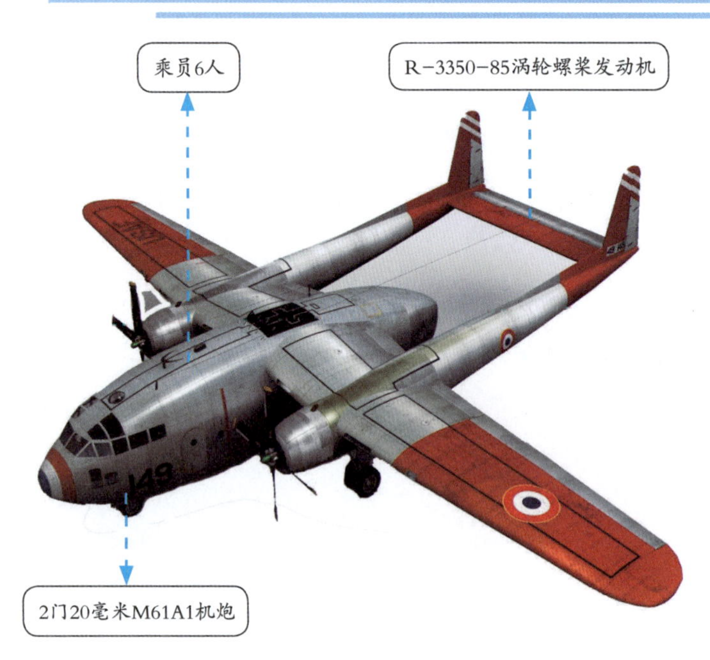

AC-119攻击机是美国费尔柴德公司在C-119运输机基础上改装的新一代“空中炮艇”。第一架C-119于1947年11月首次飞行，到1955年停止生产时，已经制造了1100多架C-119。由于C-119运输机采用上单翼结构，所以有利于在机身侧面布置武器。作为AC-47“幽灵”攻击机的继任者，AC-119攻击机拥有更为强大的攻击火力。

美国AC-130攻击机

小档案

机身长度:	29.8米
机身高度:	11.7米
翼　展　:	40.4米
空　重　:	55520千克
最大速度:	480千米/小时

AC-130攻击机是美国洛克希德公司以C-130“大力神”运输机为基础改装而成的“空中炮艇”机种，1966年首次试飞，1968年开始服役，总产量为47架。AC-130攻击机采用上单翼、四发动机、尾部大型货舱门的机身布局。AC-130攻击机装有各种不同口径的机炮，不同型号装有不同发动机。

美国OV-10“野马”攻击机

小 档 案

机身长度：	13.41米
机身高度：	4.62米
翼　展　：	12.19米
空　重　：	3127千克
最大速度：	463千米/小时

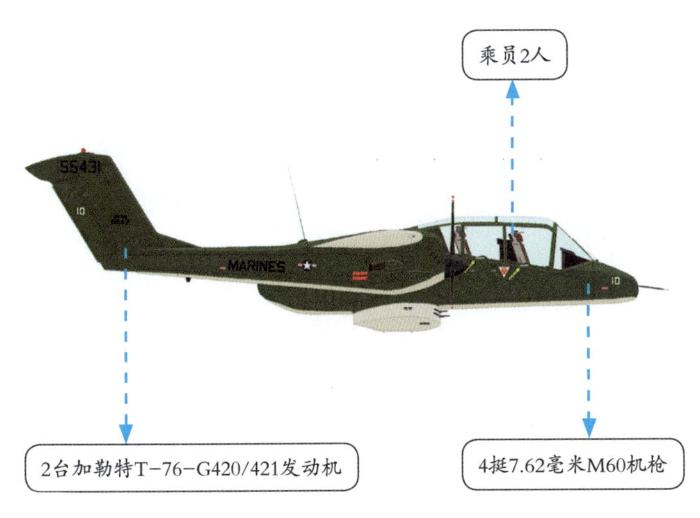

OV-10“野马”（Bronco）攻击机是美国北美航空公司研制的双发双座轻型多用途攻击机，1965 年 7 月首次试飞，1968 年 2 月开始服役，总产量为 360 架。除美国空军、海军和海军陆战队使用外，OV-10 攻击机还出口到德国、泰国、委内瑞拉等国。OV-10 攻击机的动力装置为两台加勒特 T-76-G420/421 发动机，单台功率为 775 千瓦，各驱动一副直径 2.59 米的三叶螺旋桨。

美国F-117“夜鹰”攻击机

小 档 案

机身长度：	20.09米
机身高度：	3.78米
翼　展　：	13.20米
空　重　：	13380千克
最大速度：	993千米/小时

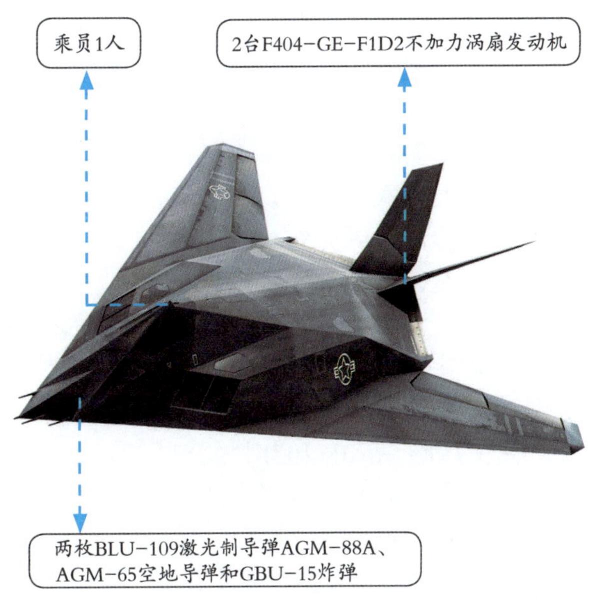

F-117“夜鹰”（Night hawk）攻击机是美国洛克希德公司研制的隐身攻击机，1981 年 6 月 18 日首次试飞，1983 年 10 月开始服役，总产量为 64 架。F-117 攻击机的外形与众不同，整架飞机几乎全由直线构成，连机翼和 V 形尾翼也都采用了没有曲线的菱形翼型。F-117 整个机身干净利索，没有任何明显的突出物，为了降低电磁波的发散和雷达截面积，更是没有配备雷达。诸如此类的设计大幅提高了隐身性能，但也导致 F-117 攻击机气动性能不佳、机动能力差、飞行速度慢等。

美国AV-8B“海鹞”Ⅱ攻击机

小档案

机身长度：	14.12米
机身高度：	3.55米
翼　展　：	9.25米
空　重　：	6745千克
最大速度：	1083千米/小时

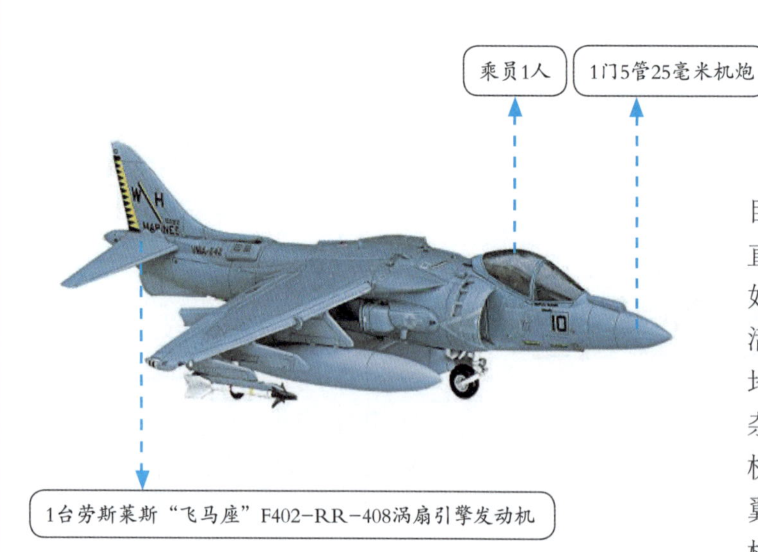

AV-8B“海鹞”Ⅱ攻击机是目前世界上最先进的亚音速垂直/短距起降攻击机，1985年开始服役。该攻击机可以机动、灵活、分散配置，不依赖永久性基地，但载弹量小，而且操作较复杂，事故率较高。AV-8B攻击机采用悬臂式上单翼，机翼后掠，翼根厚，翼稍薄。机身下有两个机炮/弹药舱，各装一门5管25毫米机炮，备弹300发。

英国“掠夺者”攻击机

小档案

机身长度：	19.33米
机身高度：	4.97米
翼　展　：	13.41米
空　重　：	14000千克
最大速度：	1074千米/小时

“掠夺者”是英国布莱克本公司研制的双发双座攻击机，1958年4月首次试飞。该攻击机机身为全金属半硬壳结构，分为头部、座舱、中机身、后机身和减速尾锥。“掠夺者”攻击机没有安装固定机炮，只有4个外挂点和1个旋转弹仓，旋转弹仓可携带4枚454千克MK 10炸弹。“掠夺者”攻击机的动力装置为两台劳斯莱斯RB.168-1A“斯贝”101涡扇发动机，单台推力49千牛。

英国/法国“美洲豹”攻击机

小 档 案	
机身长度：	16.8米
机身高度：	4.9米
翼 展 ：	8.7米
空 重 ：	7000千克
最大速度：	1699千米/小时

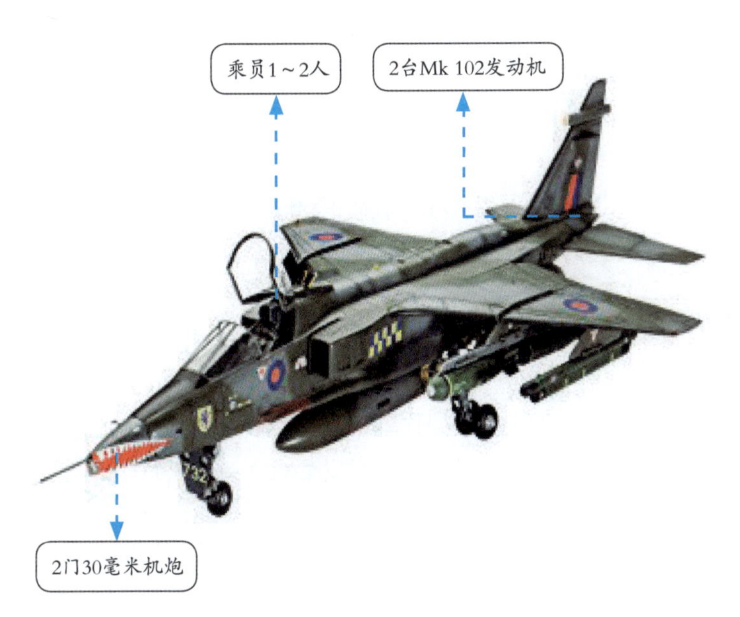

“美洲豹”（Jaguar）攻击机是由英国和法国联合研制的双发多用途攻击机。1968 年 9 月，首架原型机“美洲豹”A 型在法国试飞成功，“美洲豹”B 型则于 1971 年 8 月试飞成功，同年首架批量生产型也试飞成功。该攻击机于 1973 年 6 月交付英国皇家空军，1975 年 5 月交付法国空军。除英国和法国外，印度、阿曼、尼日利亚和厄瓜多尔等国也有装备。

法国“超军旗”攻击机

小 档 案	
机身长度：	14.31米
机身高度：	3.85米
翼 展 ：	9.6米
空 重 ：	6460千克
最大速度：	1180千米/小时

“超军旗”攻击机是法国达索航空公司研制的单发舰载攻击机，主要用户为法国海军和阿根廷海军。机身为全金属半硬壳式结构，翼尖可以折起，机身呈蜂腰状。中机身两侧下方有带孔的减速板。“超军旗”攻击机装有两门 30 毫米“德发”机炮，机身挂架可挂 250 千克炸弹，翼下 4 个挂架每个可携 400 千克炸弹。“超军旗”攻击机的动力装置为一台斯奈克玛“阿塔”8K-50 发动机，推力为 49 千牛。

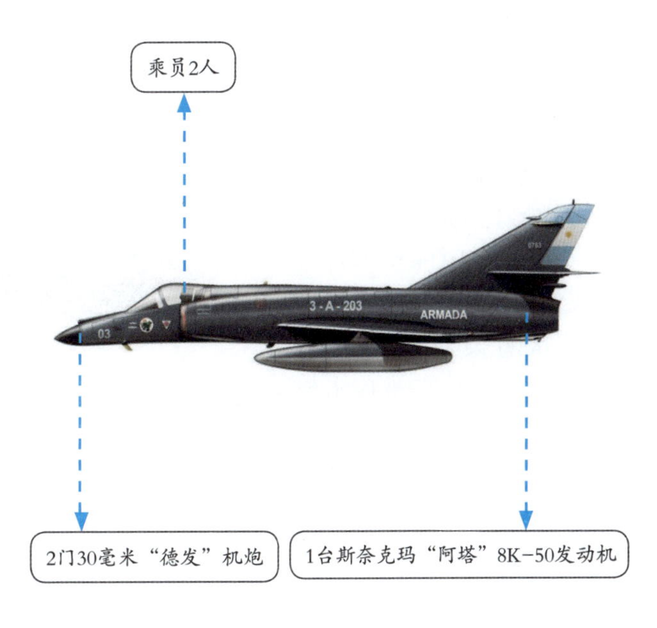

苏联伊尔-2攻击机

小档案

机身长度:	11.6米
机身高度:	4.2米
翼 展 :	14.6米
空 重 :	4360千克
最大速度:	414千米/小时

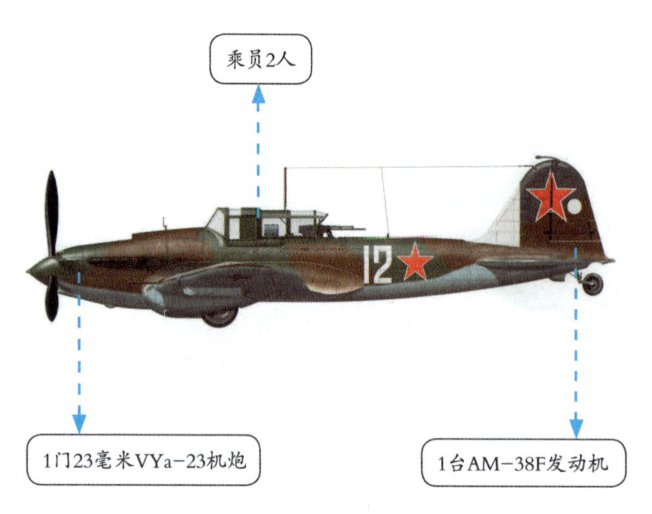

伊尔-2（Il-2）攻击机是苏联伊留申设计局研制的双座单发攻击机，1939年10月首次试飞，1941年开始服役，产量高达36183架。伊尔-2攻击机原本是作为单座的战斗轰炸机，但初期在和德军作战时表现不理想，因为对于其较大的体型来说发动机功率不足，使得飞行性能不足以与德军Bf 109战斗机进行格斗战。后来加装了机枪手的后座位和重机枪自卫，并强化了装甲并集中攻击地面目标，该攻击机才成为出色的攻击机。

苏联伊尔-10攻击机

小档案

机身长度:	11.06米
机身高度:	4.18米
翼 展 :	11.6米
空 重 :	4680千克
最大速度:	530千米/小时

伊尔-10（Il-10）攻击机是苏联伊留申设计局在伊尔-2攻击机基础上改进而来的双座单发攻击机，1944年4月首次试飞，同年开始服役，总产量超过6000架。伊尔-10攻击机的外观与伊尔-2攻击机相似，但变成了全金属结构，外观上不同的地方是改用普通战斗机的收放式起落架。另外，伊尔-10攻击机设有内藏的弹仓。

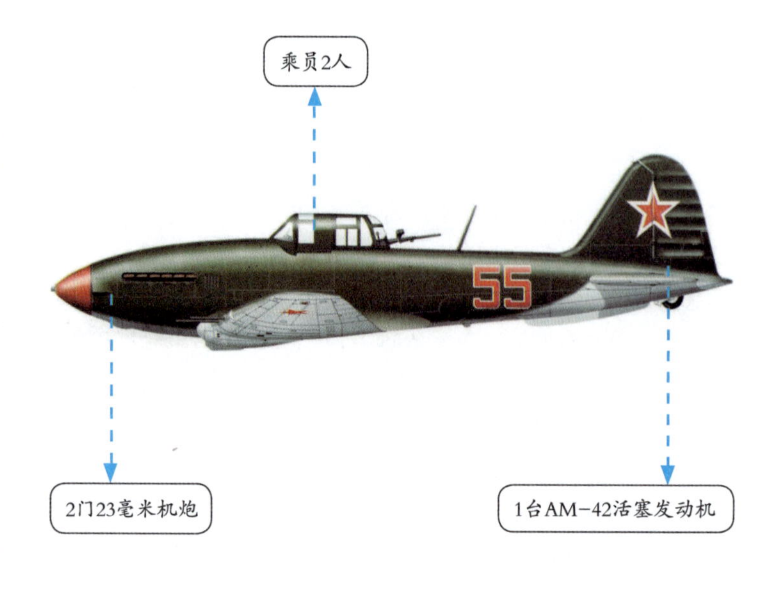

苏联苏–17“装配匠”攻击机

小 档 案

机身长度：	19.02米
机身高度：	5.12米
翼　展　：	13.68米
空　重　：	12160千克
最大速度：	1860千米/小时

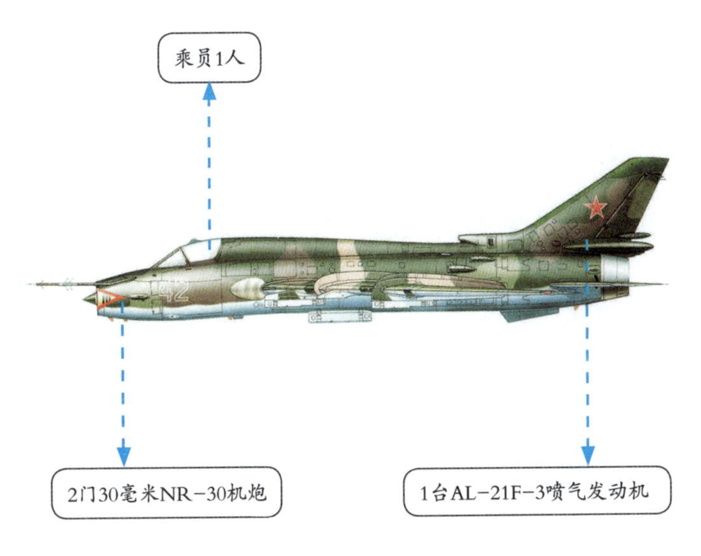

苏–17“装配匠”（Fitter）攻击机是苏联苏霍伊设计局在苏–7 战斗轰炸机的基础上发展而来的单发单座攻击机，1966 年 8 月首次试飞。苏–17攻击机采用可变后掠翼设计，在起降时会把机翼向前张开以减少所需跑道的长度，但在升空后则改为后掠，以维持与苏–7 战斗轰炸机相当的空中机动性。该攻击机装有两门 30 毫米 NR–30 机炮，另可挂载 3770 千克炸弹或导弹。

苏联苏–24“击剑手”攻击机

小 档 案

机身长度：	22.53米
机身高度：	6.19米
翼　展　：	17.64米
空　重　：	22300千克
最大速度：	1315千米/小时

苏–24“击剑手”（Fencer）攻击机是苏联苏霍伊设计局设计的双座攻击机，1967 年 7 月首次试飞，1974 年开始服役，总产量约 1400 架。苏–24 攻击机是苏联第一种能进行空中加油的攻击机，装有惯性导航系统，飞机能远距离飞行而不需要地面指挥引导，这是苏联飞机能力的新发展。

苏联苏–25“蛙足”攻击机

小档案	
机身长度：	15.53米
机身高度：	4.8米
翼　展　：	14.36米
空　重　：	9800千克
最大速度：	975千米/小时

苏–25“蛙足”攻击机是苏联苏霍伊设计局研制的双发单座亚音速攻击机，主要执行密接支援任务。该攻击机结构简单，装甲厚重坚固，易于操作维护，适合在前线战场恶劣的环境中进行对己方陆军的直接低空近距支援作战。机身为全金属半硬壳式结构，机身短粗，座舱底部及四周有24毫米厚的钛合金防弹板。苏–25攻击机能在靠近前线的简易机场上起降，执行近距战斗支援任务。

德国赫伯斯塔特CL.Ⅳ攻击机

赫伯斯塔特CL.Ⅳ（Halberstadt CL.Ⅳ）攻击机是德国赫伯斯塔特飞机公司研制的单发双座攻击机，1918年2月首次试飞，同年开始服役。CL.Ⅳ攻击机是在赫伯斯塔特飞机公司此前大获成功的CL.Ⅱ护航战斗机基础上改进而来的。该系列战机的一大特征是有突出于座舱后的和机身相连的环形机枪底座。CL.Ⅱ护航战斗机以机动灵活、爬升快、炮手有宽广的视界用于作战闻名。

小档案	
机身长度：	6.54米
机身高度：	2.67米
翼　展　：	10.74米
空　重　：	728千克
最大速度：	165千米/小时

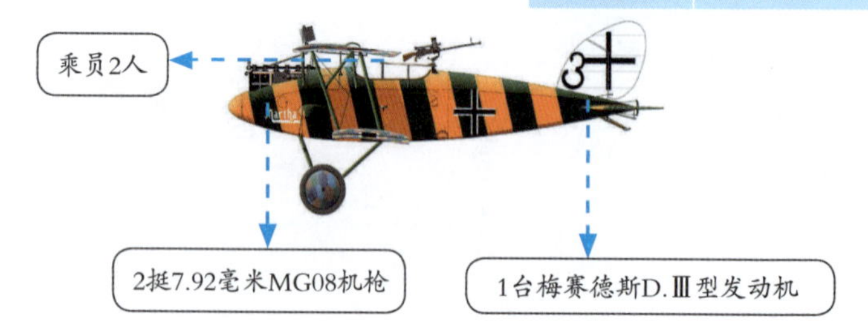

意大利/巴西AMX攻击机

小档案	
机身长度：	13.23米
机身高度：	4.55米
翼　展　：	8.87米
空　重　：	6700千克
最大速度：	914千米/小时

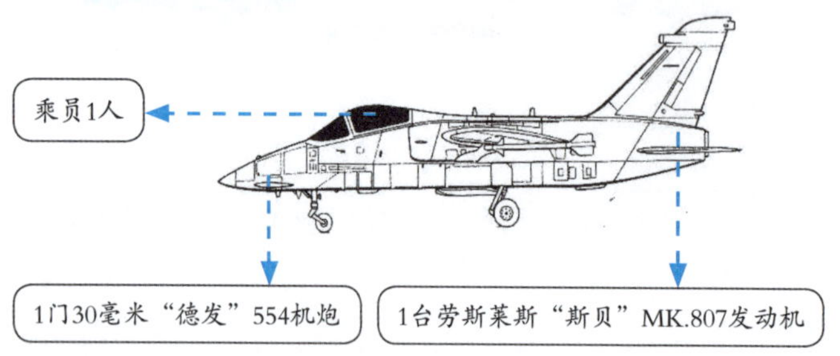

AMX攻击机是意大利和巴西联合研制的单发单座轻型攻击机。AMX攻击机以其简洁、流畅、高效的设计，以及其尺寸和作战能力而被冠以“口袋狂风”的绰号。AMX攻击机主要用于近距空中支援、对地攻击、对海攻击及侦察任务，并有一定的空战能力。该攻击机具备高亚音速飞行和在高海拔地区执行任务的能力，设计时还考虑添加了隐身性，可携带空对空导弹。

瑞典SAAB 32“矛”式攻击机

小档案	
机身长度：	14.94米
机身高度：	4.65米
翼　展　：	13米
空　重　：	7440千克
最大速度：	1200千米/小时

SAAB 32“矛”式是瑞典萨博公司研制的双座全天候攻击机，1952年11月首次试飞，1956年开始服役，总产量为450架。该攻击机的主要用户为瑞典空军，主要用于对地面或海面目标进行攻击，也可遂行空中截击和照相侦察任务。该攻击机机身是全金属结构，主轮收入机身，前轮向前收起。

瑞典SAAB 37“雷”式攻击机

SAAB 37“雷”式(Viggen)攻击机是瑞典萨博公司研制的多用途攻击机，是瑞典于20世纪60年代提出的“一机多型”设计思想的代表作。该攻击机前后共有6种型别，分别承担攻击、截击、侦察和训练等任务。SAAB 37攻击机采用三角形下单翼鸭式布局方式，发动机从机身两侧进气。

小档案	
机身长度：	16.4米
机身高度：	5.9米
翼　展　：	10.6米
空　重　：	9500千克
最大速度：	2231千米/小时

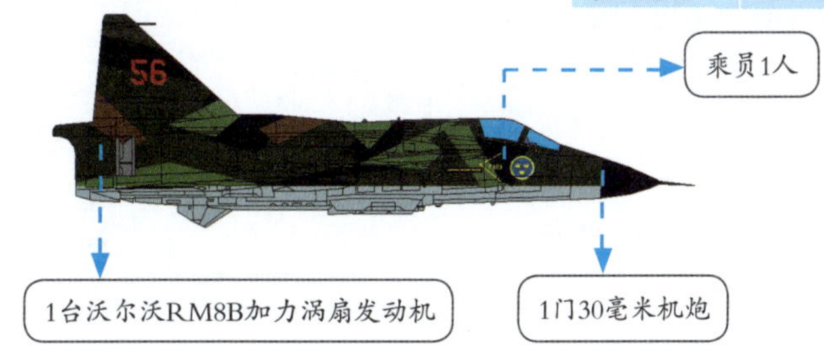

阿根廷IA-58“普卡拉”攻击机

小档案	
机身长度：	14.25米
机身高度：	5.36米
翼　展　：	14.5米
空　重　：	4020千克
最大速度：	500千米/小时

IA-58“普卡拉”攻击机是阿根廷研制的轻型攻击机，1969年8月20日首次试飞，1975年形成初步战斗力，主要在阿根廷和哥伦比亚两个国家服役。IA-58攻击机是少数使用涡轮螺旋桨动力的现代攻击机，其低单翼宽大平直，没有后掠角。IA-58攻击机狭窄的半硬壳机身的前端前伸，一名飞行员能得到装甲座舱的保护，并有良好的武器射击视野。

南斯拉夫G-2“海鸥”攻击机

小档案	
机身长度：	10.34米
机身高度：	3.28米
翼　展　：	11.62米
空　重　：	2620千克
最大速度：	812千米/小时

G-2“海鸥”（Galeb）攻击机是南斯拉夫索科飞机制造厂研制的轻型攻击机，1961年7月首次试飞，1963年开始批量生产，总产量为248架。G-2攻击机的设计比较保守，平直翼的翼型和布置都很简单，机身也近乎直线。这种外形显然不会带来很好的飞行性能。虽然该机采用了劳斯莱斯“蝰蛇”发动机，推力达11.12千牛，比当时东欧国家普遍使用的苏联发动机都要先进，但G-2攻击机的最大速度仅有812千米/小时。

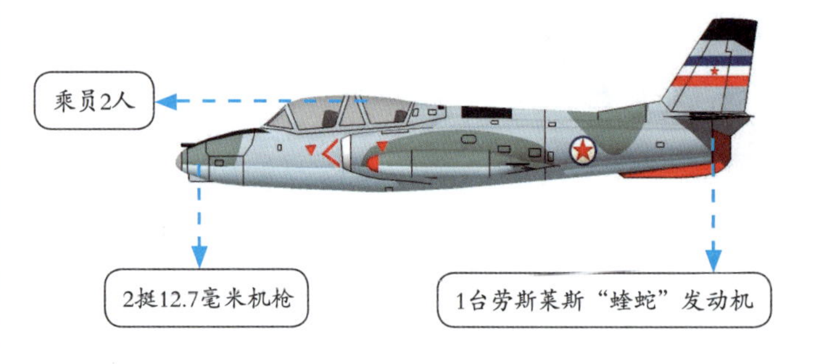

罗马尼亚IAR-93“秃鹰”攻击机

小档案	
机身长度：	14.9米
机身高度：	4.52米
翼　展　：	9.3米
空　重　：	5750千克
最大速度：	1089千米/小时

IAR-93“秃鹰”（Vultur）攻击机是罗马尼亚和南斯拉夫联合研制的双发超音速攻击机。该机于20世纪70年代研制，其南斯拉夫版本由南斯拉夫猎鹰飞机制造厂制造，命名为J-22“鹫”。1974年1月31日，两架原型机同时在南斯拉夫和罗马尼亚境内首次试飞。1979年，IAR-93攻击机开始服役，总产量为88架。

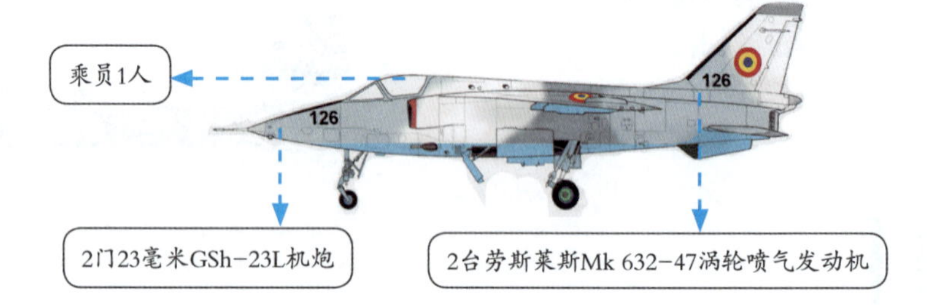

韩国FA-50攻击机

小档案	
机身长度：	13米
机身高度：	4.94米
翼　展　：	9.45米
空　重　：	6441千克
最大速度：	1770千米/小时

FA-50攻击机是韩国以其国产超音速教练机T-50为基础改造而成的轻型攻击机，2011年5月首次试飞。2013年8月，韩国空军接收了第一架生产型FA-50攻击机。FA-50攻击机由T-50教练机衍生而来，机体尺寸、武装、发动机、座舱配置与航空电子和控制系统均与前者相同，但两者的最大差异在于FA-50攻击机加装了一具洛克希德·马丁公司AN/APG-67(V)4脉冲多普勒X波段多模式雷达，可以获取多种形式的地理和目标数据。

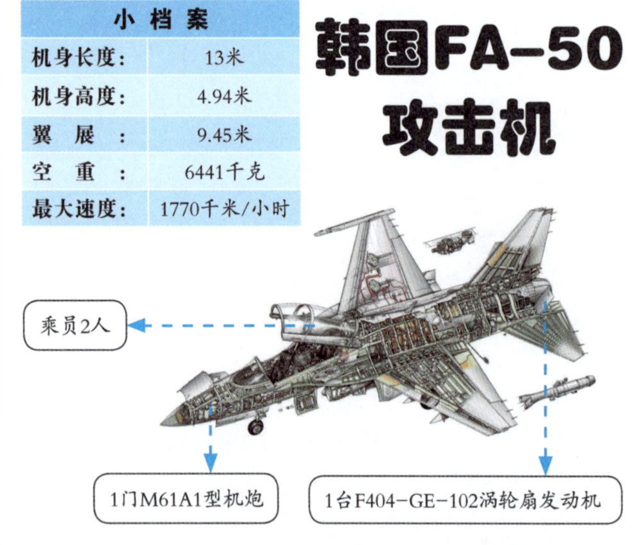

第4章

轰炸机入门

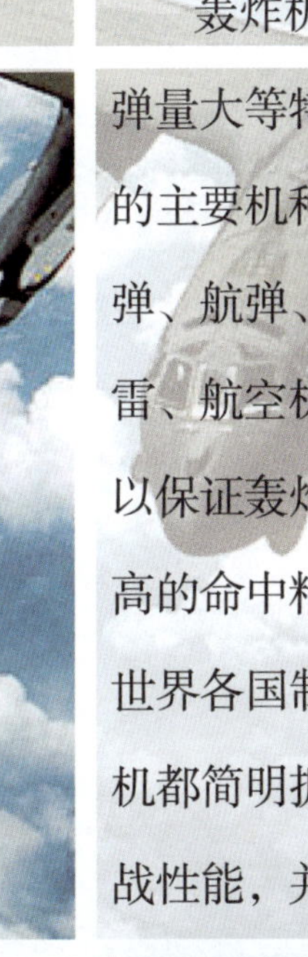

轰炸机具有突击力强、航程远、载弹量大等特点，是航空兵实施空中突击的主要机种。机上武器系统包括各种炸弹、航弹、空对地导弹、巡航导弹、鱼雷、航空机关炮等，机上的火控系统可以保证轰炸机具有全天候轰炸能力和很高的命中精度。本章主要介绍二战以来世界各国制造的经典轰炸机，每种轰炸机都简明扼要地介绍了其制造背景和作战性能，并有准确的参数表格。

美国B-17“空中堡垒”轰炸机

小档案

机身长度:	22.66米
机身高度:	5.82米
翼　展　:	31.62米
空　重　:	16391千克
最大速度:	462千米/小时

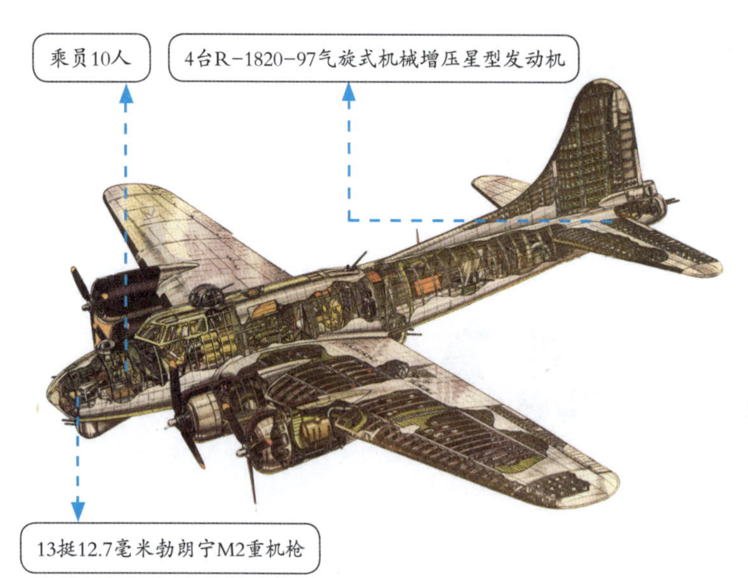

B-17是美国波音公司制造的四发重型轰炸机，绰号“空中堡垒”，是世界上第一种安装雷达瞄准，具有能在高空精确投弹的大型轰炸机。B-17轰炸机拥有13挺重机枪，是一个名副其实的“飞行堡垒”。虽然B-17轰炸机的航程短，但它有较大的载弹量和飞行高度，并且坚固可靠，常常在受重创后仍能飞回机场，因此挽救了不少机组成员的生命。

美国B-24“解放者”轰炸机

小档案

机身长度:	20.6米
机身高度:	5.5米
翼　展　:	33.5米
空　重　:	16590千克
最大速度:	487千米/小时

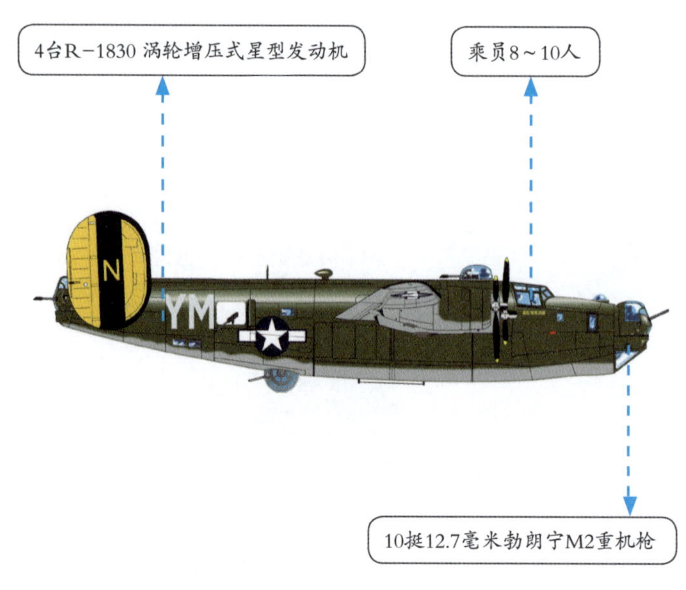

B-24是美国共和飞机公司研制的大型轰炸机，绰号“解放者”。该轰炸机机头有一个透明的投弹瞄准舱，其后为多人驾驶舱，再后便是一个容量很大的炸弹舱，可挂载各种炸弹。二战期间，B-24轰炸机与B-17轰炸机对德国投下大量炸弹，是人类战争史上持续时间最长、战斗最壮烈的一场空袭行动。B-24轰炸机不仅在欧洲，同时也是在非洲、亚洲广大海空战场的“空中霸王”。

美国B-25“米切尔”轰炸机

小档案	
机身长度：	16.13米
机身高度：	4.98米
翼　展　：	20.6米
空　重　：	8855千克
最大速度：	442千米/小时

B-25是美国北美飞机公司设计的双发中型轰炸机，绰号“米切尔”。B-25轰炸机综合性能良好、出勤率高而且用途广泛，在太平洋战争中有许多出色表现。B-25轰炸机是遵循着更多武器、更多装甲、安装自封油箱这条路线来发展的，因此造成飞机越来越重，发动机最终不堪重负，导致性能受到影响。B-25轰炸机主要配备美国空军，美国海军也配备了相当数量的B-25轰炸机，以对付太平洋上的日本。

美国B-26“劫掠者”轰炸机

小档案	
机身长度：	17.8米
机身高度：	6.55米
翼　展　：	21.65米
空　重　：	11000千克
最大速度：	460千米/小时

B-26是马丁公司研制的中型轰炸机，绰号“劫掠者”（Marauder），是欧洲战场上陆军航空队最重要的中型轰炸机。与B-25轰炸机相比，B-26轰炸机有更快的速度、更大的载弹量。机身安装4挺12.7毫米勃朗宁机枪，机头1挺，锥形尾部1挺，机背中后部炮塔2挺；炸弹舱中最大可携带1814千克（4000磅）炸弹。

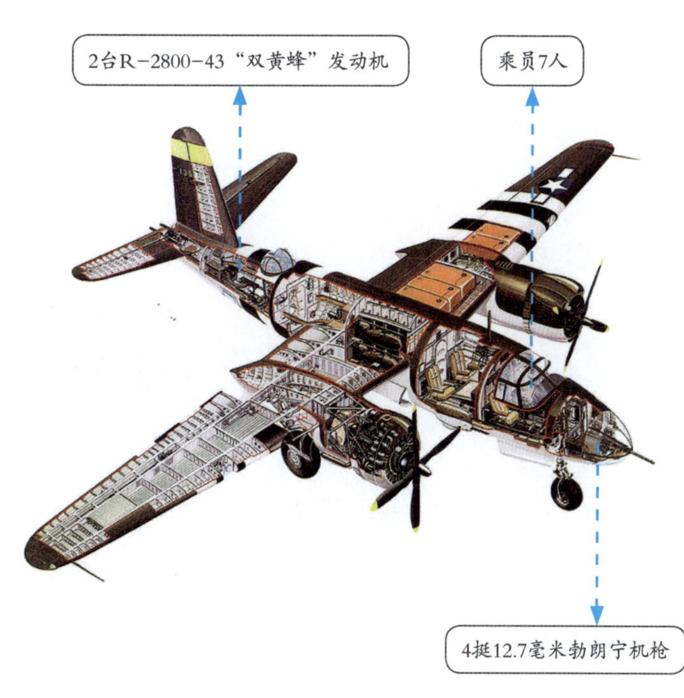

美国SBD“无畏”轰炸机

小档案

机身长度:	10.09米
机身高度:	4.14米
翼　展　:	12.66米
空　重　:	2905千克
最大速度:	4265千米/小时

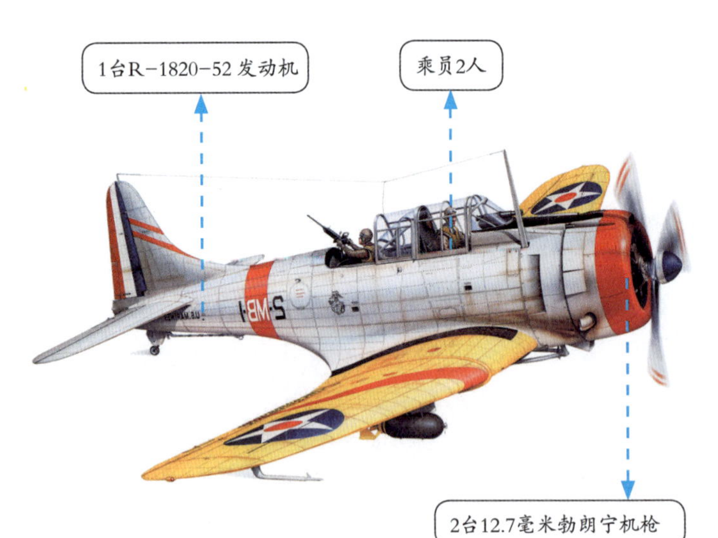

SBD是道格拉斯公司开发的舰载俯冲轰炸机，绰号“无畏”，二战时期活跃于太平洋战场上。SBD轰炸机与F4F战斗机及TBD鱼雷攻击机为二战开战时美国三大主力舰载机。比起TBD的开发，SBD的金属蒙皮技术更为成熟，与SBC式轰炸机有相同的穿孔式空气煞车襟翼，增加了许多俯冲时的机身稳定性。

美国SB2C“地狱俯冲者”轰炸机

小档案

机身长度:	11.18米
机身高度:	4.01米
翼　展　:	15.17米
空　重　:	4794千克
最大速度:	5090千米/小时

SB2C是柯蒂斯公司研制的俯冲轰炸机，绰号“地狱俯冲者”。SB2C轰炸机装有2门20毫米炮，1挺12.7毫米机枪。该轰炸机是历史上最重的俯冲轰炸机，也是美国海军最后一种特别设计的俯冲轰炸机。其炸弹仓可携带1枚450千克炸弹或725千克炸弹，外加机翼两个45千克炸弹。从1942年开始，大多数SB2C轰炸机由美国海军航母飞行员驾驶，其性能显著超越日本的同型飞机。

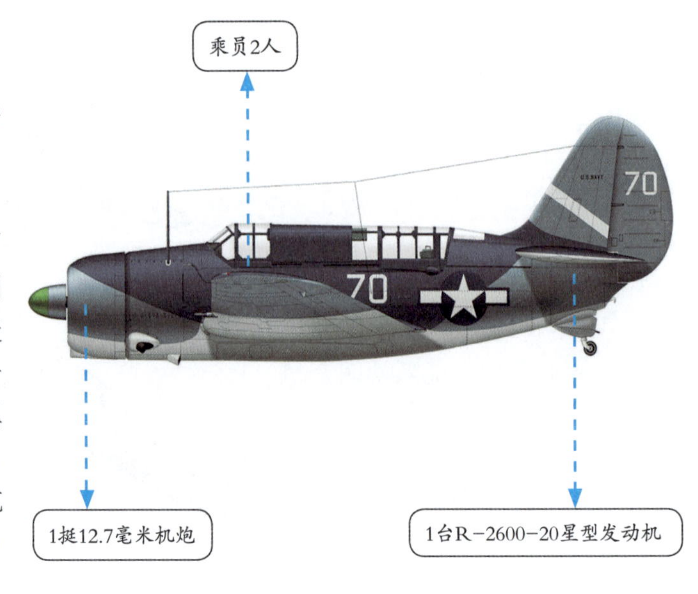

美国TBF“复仇者”轰炸机

小档案	
机身长度：	12.48米
机身高度：	4.70米
翼　展　：	16.51米
空　重　：	4783千克
最大速度：	442千米/小时

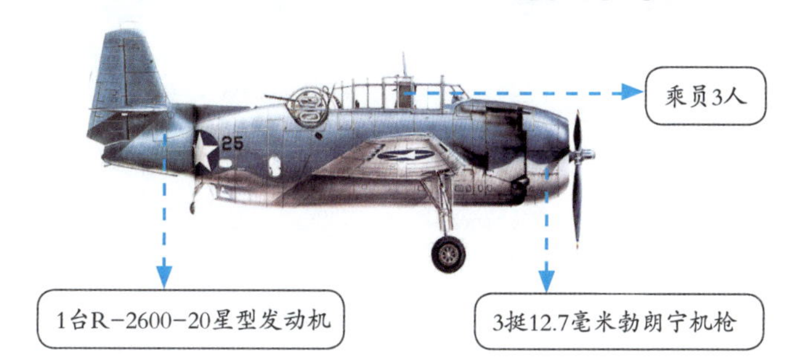

TBF“复仇者”是格鲁曼公司开发的舰载鱼雷轰炸机，从二战一直服役到20世纪60年代。比起原本的TBD鱼雷轰炸机，TBF鱼雷轰炸机的性能有明显的提升，除了加大功率的发动机外，新设计的流线形座舱配备防弹玻璃，机身的防弹装甲也前所未有的坚固。而机翼能够向上折起的长度比其他舰载机也更长了许多，大幅减少了在航空母舰机舱内所占的位置。

美国B-29“超级堡垒”轰炸机

B-29是美国波音公司设计的四发重型轰炸机，绰号“超级堡垒”。B-29轰炸机的崭新设计包括加压机舱、中央火控、遥控机枪等。由于使用了加压机舱，飞行员不需要长时间戴上氧气罩及忍受严寒。原先B-29轰炸机的设计构想是作为日间高空精确轰炸机，但在战场使用时B-29轰炸机却多数在夜间出动，在低空进行燃烧轰炸。该轰炸机可以在12192米高空以时速563千米的速度飞行，而当时大部分战斗机都很难爬升到这个高度，即使有也无法追上B-29的速度。

小档案	
机身长度：	30.2米
机身高度：	8.50米
翼　展　：	43.1米
空　重　：	33800千克
最大速度：	574千米/小时

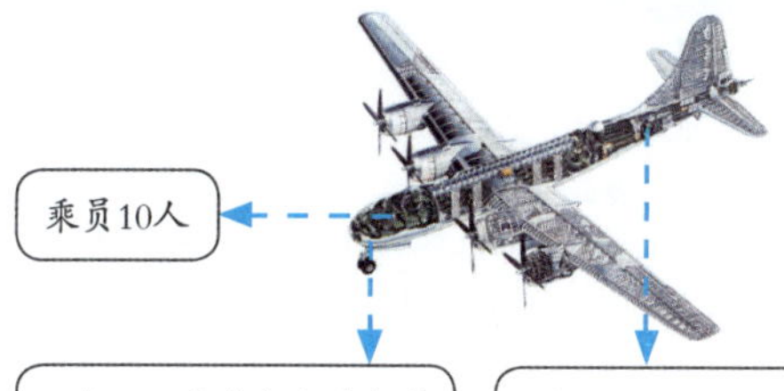

美国B-36“和平缔造者”轰炸机

小档案	
机身长度：	49.42米
机身高度：	14.25米
翼　展　：	70.12米
空　重　：	75530千克
最大速度：	672千米/小时

B-36是康维尔公司制造的战略轰炸机，绰号“和平缔造者”。所有B-36轰炸机的机型都装有6台R-4360大型活塞式发动机。B-36轰炸机采用细长圆柱形机身，上单翼平直机翼，机身为全金属结构，圆形横截面。机身前部有透明雷达罩，炸弹舱在机身中部。

美国B-45“龙卷风”轰炸机

小档案	
机身长度:	22.96米
机身高度:	7.67米
翼　展　:	27.14米
空　重　:	20726千克
最大速度:	920千米/小时

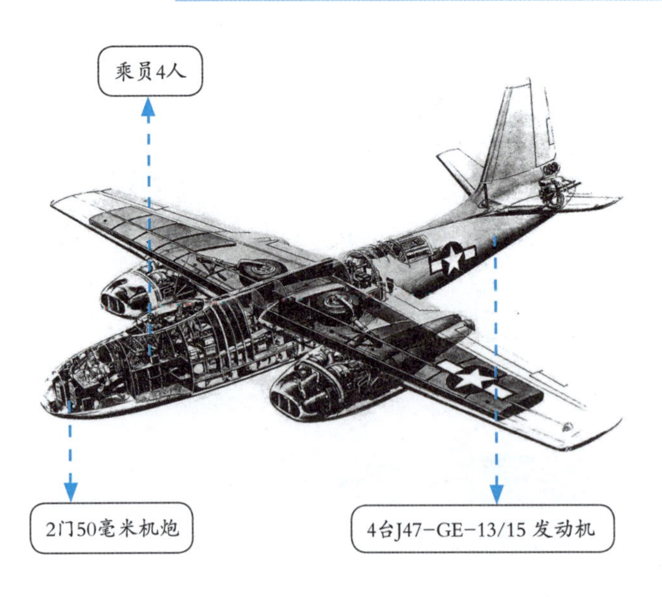

B-45是美国空军装备的第一种喷气式轰炸机，绰号“龙卷风”，是第一种具有空中加油及核弹投放能力的喷气式飞机。该轰炸机的电子系统包括自动驾驶仪、轰炸导航雷达和火控系统、通信设备、紧急飞行控制设备等。B-45轰炸机有两门50毫米的机炮，备弹22000发。两个弹舱可以携带最大12485千克的弹药或1枚重9988千克的低空战略炸弹，另或2枚1816千克的核弹。

美国B-47“同温层喷气”轰炸机

小档案	
机身长度:	33.5米
机身高度:	8.5米
翼　展　:	35.4米
空　重　:	35867千克
最大速度:	975千米/小时

B-47是世界上第一种实用的中程喷气式战略轰炸机，绰号“同温层喷气”。该轰炸机采用细长流线形机身，机身为全金属受力蒙皮半硬壳式结构，蒙皮用桁条和隔框加强，机身截面为椭圆形。机翼为大后掠角上单翼，翼下吊挂6台涡轮喷气发动机，平尾位置稍高，起落架采用自行车式布置。B-47轰炸机安装有两门20毫米机炮，还具有加油能力，曾创下连续飞行36小时不着陆的纪录。因此，该轰炸机可对世界上任何目标实施打击。

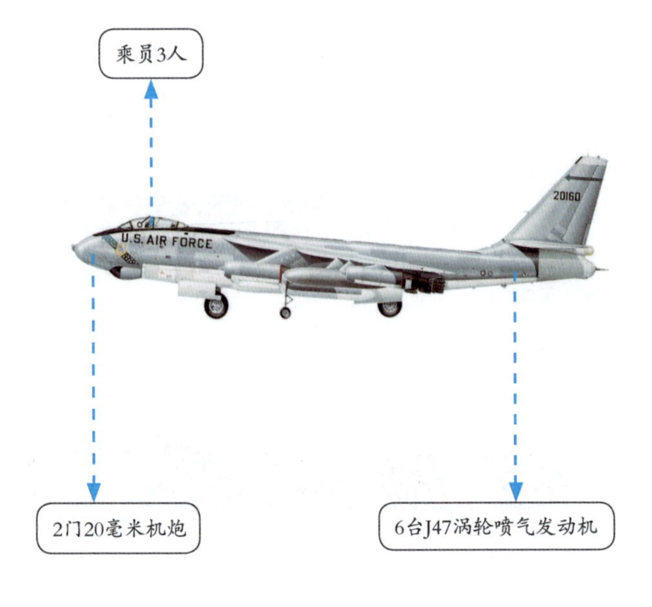

美国B-52“同温层堡垒”轰炸机

小档案	
机身长度：	48.5米
机身高度：	12.4米
翼　展　：	56.4米
空　重　：	83250千克
最大速度：	1000千米/小时

乘员5人

1门20毫米M61“火神”机炮

8台TF33-P-3/103涡扇发动机

B-52“同温层堡垒”是美国波音公司研制的八发远程战略轰炸机，1955 年开始服役，用于替换B-36“和平缔造者”轰炸机执行战略轰炸任务。1962 年，B-52 轰炸机停止生产，前后一共生产了 744 架。B-52 轰炸机的机身结构为细长的全金属半硬壳式，侧面平滑，截面呈圆角矩形。

美国B-57“堪培拉”轰炸机

小档案	
机身长度：	19.96米
机身高度：	4.88米
翼　展　：	19.51米
空　重　：	13600千克
最大速度：	960千米/小时

B-57 是美国马丁公司制造的全天候双座轰炸机，于 1953 年 7 月 20 日进行首次飞行，1954 年开始服役。为了满足美空军要求，其结构有所改进，使之具有强大的轰炸力，并由此发展出许多非常特别的 B-57 的衍生型。此外，B-57 轰炸机采用平直翼气动布局，机身中部的弹舱内和翼下挂架可挂载各种对地攻击武器，总挂载量为 2700 千克。

乘员2人

8挺12.7毫米机枪

2台J65-W-5 涡轮喷气发动机

美国B-58“盗贼”轰炸机

小档案	
机身长度：	29.5米
机身高度：	8.9米
翼　展　：	17.3米
空　重　：	25200千克
最大速度：	985千米/小时

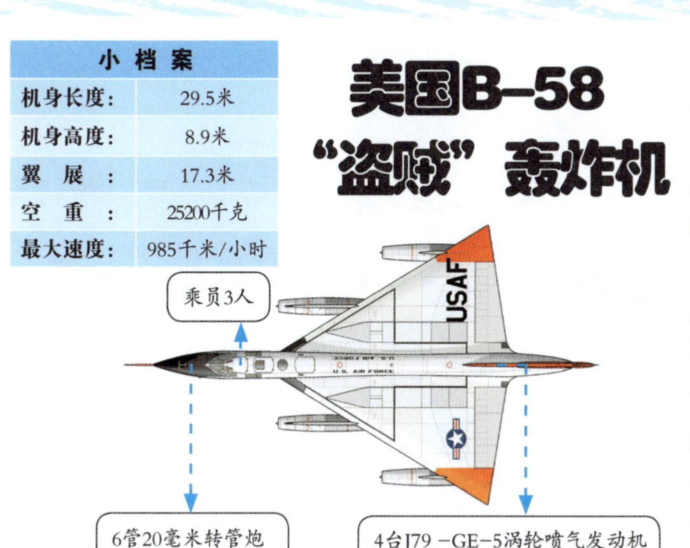

B-58 是美国康维尔公司研制的超音速轰炸机，绰号“盗贼”。1956 年 11 月 11 日 B-58 进行了首次试飞，1960 年 3 月进入美国空军服役，是美国空军战略司令部 20 世纪 60 年代最主要的空中打击力量。B-58 轰炸机的气动布局简单明了，造型光滑简洁，机身下带着一个大得异乎寻常的吊舱。B-58 轰炸机有着以前任何轰炸机不曾拥有的性能和复杂的航空电子设备，代表了当时航空工业的最高水准。

美国B-66“毁灭者”轰炸机

小档案

机身长度：	22.9米
机身高度：	7.2米
翼 展 ：	22.1米
空 重 ：	19300千克
最大速度：	1020千米/小时

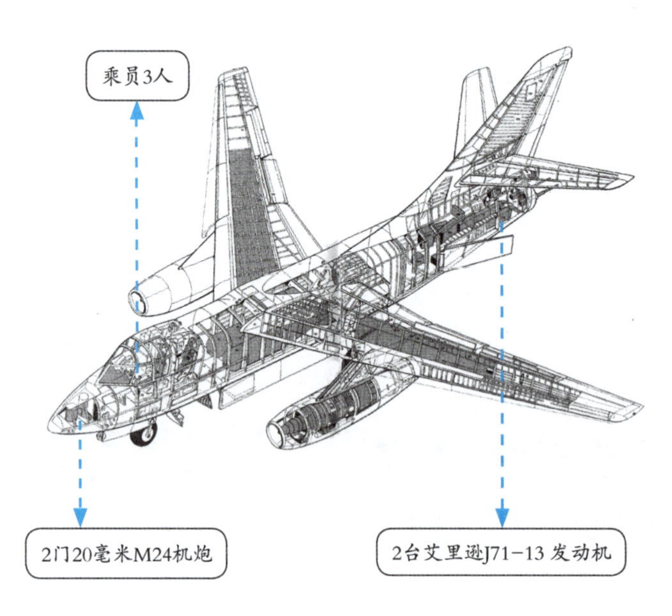

B-66是美国道格拉斯公司研制的战术轰炸机，绰号“毁灭者”。B-66轰炸机采用后掠式上单翼，可回收前三点式起落架，翼下有两个喷气式发动机吊舱。动力装置为两台艾里逊J71-13发动机，推力达111.17千牛。该轰炸机装有两门20毫米M24机炮，弹舱中最大可挂5443千克炸弹。此外，该轰炸机能安装大量电子设备而不影响正常性能，还有自卫武器和干扰敌方雷达的电子对抗设备。

美国XB-70“瓦尔基里”式轰炸机

小档案

机身长度：	59.74米
机身高度：	9.14米
翼 展 ：	32米
空 重 ：	115030千克
最大速度：	3.1千米/小时

XB-70“瓦尔基里”式轰炸机是美国空军在冷战时代开发的实验性三倍音速超高空战略轰炸机。1964年9月，第一架XB-70首飞。XB-70轰炸机采用了鸭式、无平尾、大三角翼的总体布局。与SR-71和米格-25高速飞机一样，XB-70也采用了双垂尾。其机翼翼尖部分还可以向下折叠，这是因为要产生压缩升力，即一种在高速飞行下才会产生的升力。

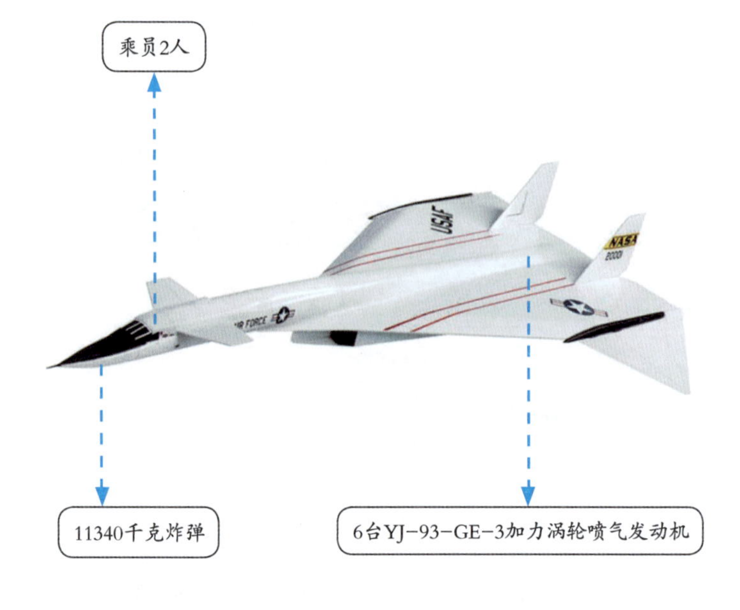

美国B-1B“枪骑兵”轰炸机

小档案	
机身长度：	44.5米
机身高度：	10.4米
翼　展　：	41.8米
空　重　：	87100千克
最大速度：	1529千米/小时

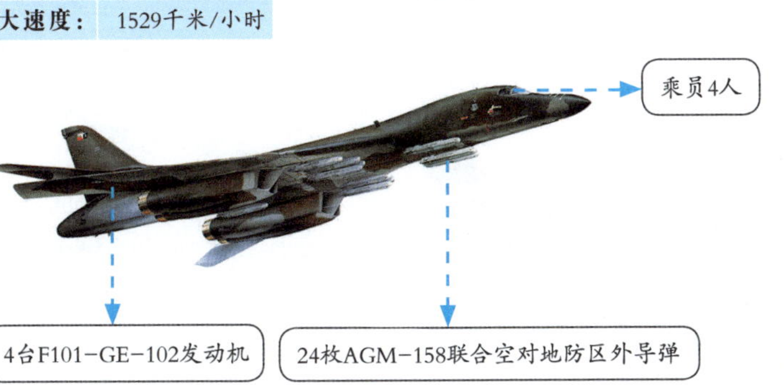

B-1B“枪骑兵”轰炸机是美国北美航空公司（现已被波音公司并购）研制的超音速可变后掠翼重型远程战略轰炸机，1986年开始服役。B-1B轰炸机是美国空军战略威慑的主要力量，也是美国现役数量最多的战略轰炸机。该轰炸机采用翼身融合体结构，增加了升力，增大了内部容积，同时采用后变后掠翼，有利于改善低空和高空飞机性能和起飞着陆性能，并可增加航程。

美国B-2“幽灵”轰炸机

B-2“幽灵”轰炸机是美国诺斯罗普·格鲁曼公司和波音公司研制的隐身战略轰炸机，1997年开始服役。该轰炸机的主要任务是利用其优异的隐身性能，从高空或低空突破对方复杂的防空系统，对战略目标实施核打击或常规轰炸。B-2轰炸机兼有高低空突防能力，能执行核及常规轰炸的双重任务。B-2轰炸机的隐身性能强大，而作战能力却与庞大的B-1B轰炸机类似，续航时间比先前的机种都长得多。

小档案	
机身长度：	21米
机身高度：	5.18米
翼　展　：	52.4米
空　重　：	71700千克
最大速度：	764千米/小时

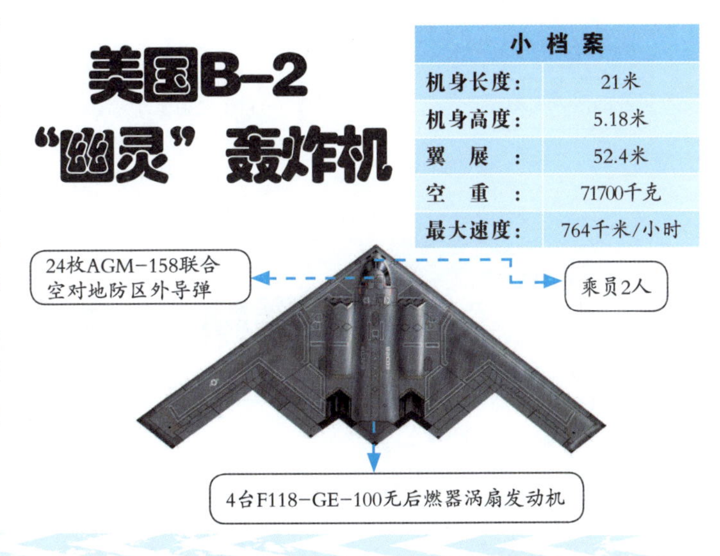

苏联伊尔-28“小猎犬”轰炸机

小档案	
机身长度：	17.65米
机身高度：	6.7米
翼　展　：	21.45米
空　重　：	12890千克
最大速度：	902千米/小时

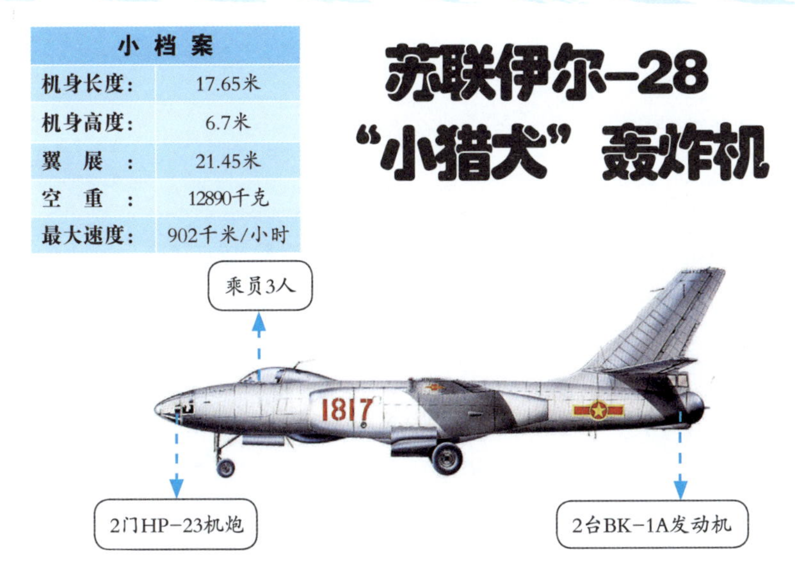

伊尔-28是苏联伊留申设计局研发的中型轰炸机，北约代号为“小猎犬”。伊尔-28轰炸机有3名乘员，驾驶员和领航员舱在机头，机尾有密封的通信射击员舱。伊尔-28轰炸机可在炸弹舱内携带4枚500千克或12枚250千克炸弹，也能运载小型战术核武器，翼下还有8个挂架，可挂火箭弹或炸弹。

苏联苏-7“装配匠”A战斗轰炸机

小档案

机身长度：	16.8米
机身高度：	4.99米
翼　展　：	9.31米
空　重　：	8940千克
最大速度：	1150千米/小时

乘员1人

2门30毫米机炮

1台F-1-250加力喷气发动机

苏-7“装配匠”A是苏联苏霍伊设计局于20世纪50年代研制的喷气式战斗轰炸机，1955年9月首次试飞，1959年开始服役，总产量为1847架。苏-7战斗轰炸机有较高的推重比，中高空机动性能较好。不过，苏-7战斗轰炸机对跑道要求较高，早期机型不能在野战机场使用。作为战斗轰炸机，苏-7没有装备雷达，只有简单的航空电子系统。

小档案

机身长度：	57.48米
机身高度：	8.25米
翼　展　：	35.1米
空　重　：	85000千克
最大速度：	1950千米/小时

苏联M-50“野蛮人”轰炸机

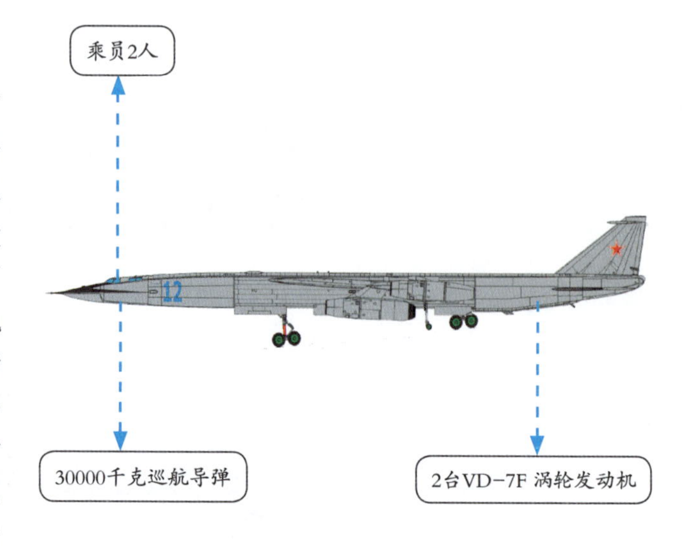

M-50是苏联马萨契夫实验工厂设计的四发超音速轰炸机，北约代号“野蛮人”。M-50轰炸机采用高单翼三角翼，配备两台VD-7F涡轮发动机，一对挂在翼尖，另一对在翼下的奇特布局。M-50轰炸机从发动机到轮胎、车轮都突破了苏联过去的传统，均是全新大胆的设计，运用了多项新技术和材料，飞机的纵梁及肋骨运用钛合金，机翼装载了大型电池板。最为出众的设计是加入了苏联第一台全自动驾驶仪EDSU设备。

苏联图–4“公牛”轰炸机

小档案	
机身长度：	30.18米
机身高度：	8.46米
翼　展　：	43.05米
空　重　：	36850千克
最大速度：	558千米/小时

图–4 是苏联仿制美国的 B–29 轰炸机，北约代号“公牛”。该轰炸机为常规气动布局、中单翼、平直机翼、单垂尾，装备 4 台 ASh–73TK 涡轮螺旋桨发动机，具有航程远、载弹量大的特点，是一种远程战略轰炸机。不过图–4 也并不完全是 B–29 的仿制品，其雷达、弹药和发动机都是苏联国产的。

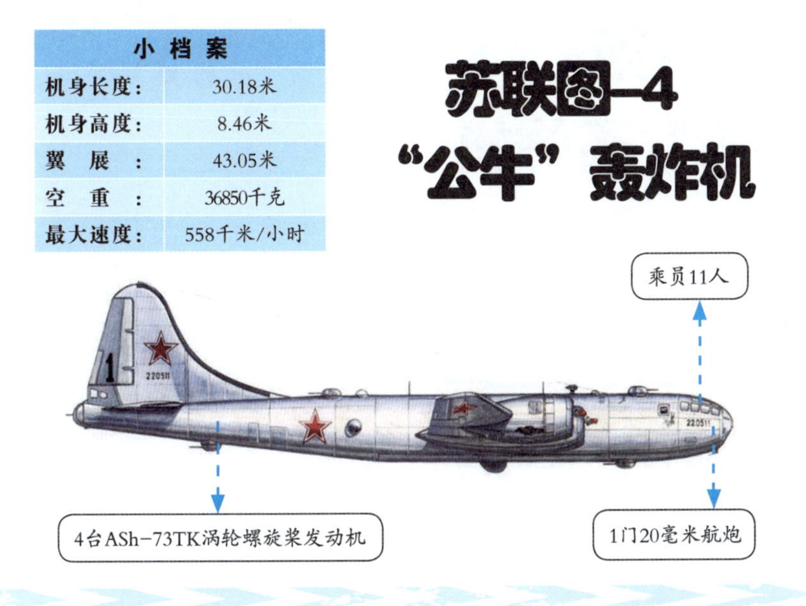

苏联/俄罗斯图–16“獾”式轰炸机

小档案	
机身长度：	34.8米
机身高度：	10.36米
翼　展　：	33米
空　重　：	37200千克
最大速度：	1050千米/小时

图–16 是苏联研发的中程轰炸机，北约代号为“獾”。图–16 轰炸机的机身为半硬壳式结构，椭圆形截面。机身由前气密座舱、前段、中段、后段和后气密座舱 5 个部分组成。机翼为悬臂式中单翼，尾翼为悬臂式全金属结构。图–16 轰炸机装有雷达照相机，观察和拍摄轰炸雷达瞄准具荧光屏上的图像。还有几种照相机分别用于昼间照相及检查投弹结果、昼间拍摄低空投弹结果和夜间照相。

苏联/俄罗斯图–95“熊”轰炸机

小档案	
机身长度：	49.5米
机身高度：	12.12米
翼　展　：	54.1米
空　重　：	90000千克
最大速度：	925千米/小时

图–95“熊”轰炸机是苏联图波列夫设计局研制的远程战略轰炸机，1956 年开始服役，是目前全世界唯一仍服役中的大型四涡轮螺旋桨引擎长程战略轰炸机、空射导弹发射平台、海上侦察机，以及军用客机。该轰炸机于 1951 年开始研制，1954 年第一架原型机首次试飞，批生产型于 1956 年开始交付使用，目前仍然是俄罗斯主要的战略轰炸机。

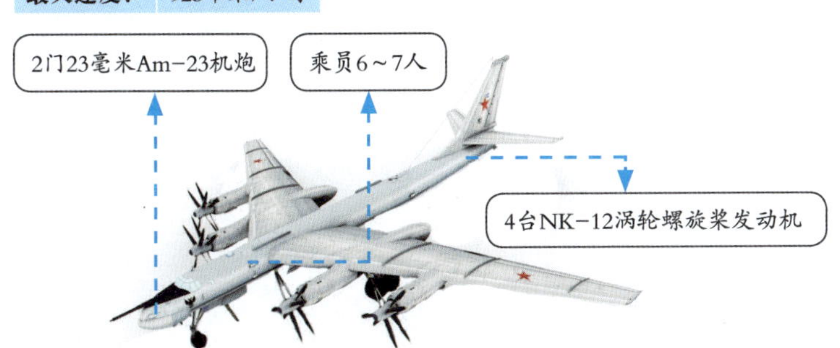

苏联/俄罗斯 图-22“眼罩”轰炸机

小档案

机身长度：	41.6米
机身高度：	10.13米
翼　展 ：	23.17米
空　重 ：	58000千克
最大速度：	1510千米/小时

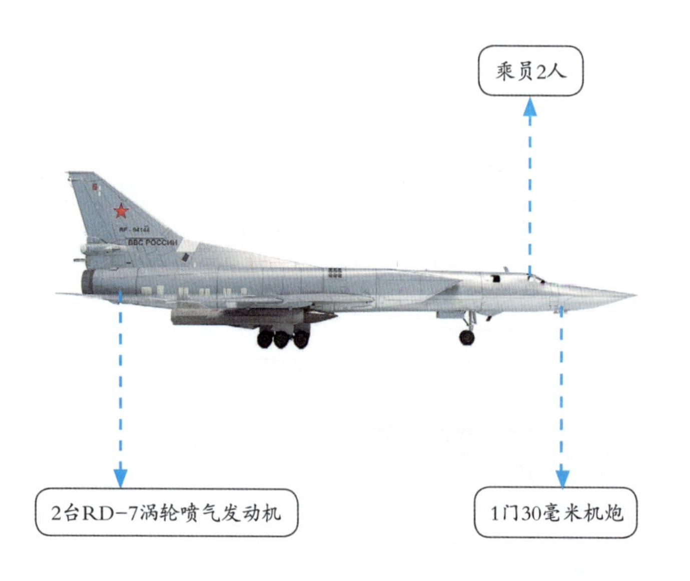

图-22是苏联图波列夫设计局研发的超音速轰炸机，北约代号“眼罩”，于1959年9月7日首飞成功。图-22轰炸机在尾部上方装备2台RD-7涡轮喷气发动机。图-22轰炸机的自卫武器很少，仅在尾部有1门30毫米机炮。自卫手段主要靠速度，夜间使用电子干扰机自卫。由于重量大，机翼面积较小，故盘旋性能不好，投放武器时机动范围小。

苏联/俄罗斯 图-22M“逆火”轰炸机

小档案

机身长度：	42.4米
机身高度：	11.05米
翼　展 ：	34.28米
空　重 ：	58000千克
最大速度：	2327千米/小时

图-22M“逆火”轰炸机是苏联图波列夫设计局研制的超音速战略轰炸机，1972年开始服役。图-22M轰炸机具有核打击、常规攻击以及反舰能力，良好的低空突防性能使其生存能力大大高于苏联以往的轰炸机。该轰炸机是目前世界上列入装备的轰炸机中飞行速度最快的一种，有着无可比拟的巨大威慑力，至今仍是俄罗斯轰炸机部队的主力机型之一。

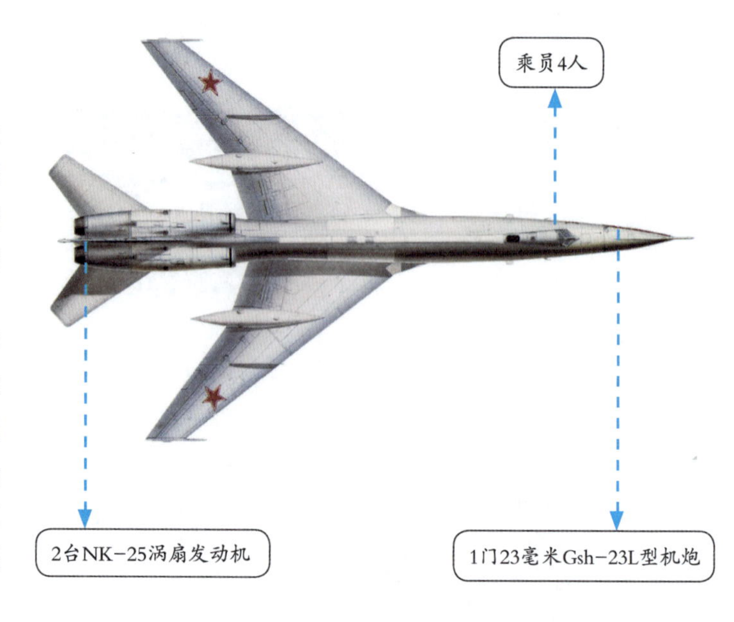

苏联/俄罗斯图-160“海盗旗”轰炸机

小档案	
机身长度：	54.1米
机身高度：	13.1米
翼 展 ：	55.70米
空 重 ：	118000千克
最大速度：	2000千米/小时

图-160“海盗旗”轰炸机是苏联图波列夫设计局研制的可变后掠翼超音速远程战略轰炸机，1987年开始服役。与B-1B“枪骑兵”轰炸机相比，图-160轰炸机不仅体型更大，速度也更快，最大航程也更远。1989～1990年间，图-160轰炸机打破了44项世界飞行纪录。由于体积庞大，图-160驾驶舱后方的成员休息区中甚至还设有一个厨房。

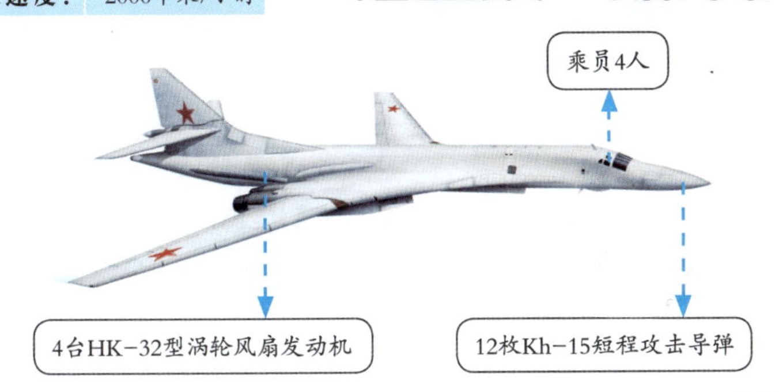

苏联/俄罗斯苏-34“鸭嘴兽”轰炸机

小档案	
机身长度：	23.34米
机身高度：	6.09米
翼 展 ：	14.7米
空 重 ：	24000千克
最大速度：	2150千米/小时

苏-34是苏联苏霍伊设计局研制的一款高机动性、全天候、超音速、双发双座战斗轰炸机，苏-34最早型号为代号苏-27IB试验机，该试验机在1990年4月首飞。预生产型于1993年12月18日首发。苏-34继承了苏-27战斗机家族优异的气动外形设计，最大特征是其扁平的头部，原因是其采用了并列双座的设计，使得其头部加大，与俄罗斯任何其他战术飞机相比，苏-34能挂载更多种类的空面制导武器。并保留了苏-27的标准30毫米GSH-301型机炮。机炮内置于前机身右侧边条中，最大射速每分钟1500发，备弹150发。除此以外还可带导弹或核弹，最大载弹量8吨多。

英国“蚊”式轰炸机

小档案	
机身长度：	13.57米
机身高度：	5.3米
翼 展 ：	16.52米
空 重 ：	6490千克
最大速度：	668千米/小时

“蚊”式轰炸机以木材为主要制造材料，有“木制奇迹”之誉。“蚊”式轰炸机有几大奇特之处：一是采用全木结构，这在20世纪40年代的飞机中已很少见；二是改型多，除了担任日间轰炸任务以外，还有夜间战斗机、侦察机等多种衍生型；三是生存性好，在整个战争期间，“蚊”式轰炸机创造了英国空军轰炸机作战生存率的最佳纪录。

英国“兰开斯特”轰炸机

小档案

机身长度：	21.11米
机身高度：	6.25米
翼　展　：	31.09米
空　重　：	16571千克
最大速度：	456千米/小时

“兰开斯特”是二战时期英国的重要战略轰炸机。“兰开斯特”轰炸机的机身结构尚属坚固，但其设计存在较大问题。该轰炸机未能装设机腹炮塔，对于下方来的敌机，无法反击。“兰开斯特”轰炸机作为战时英国最大的战略轰炸机，以夜间空袭为主要作战手段，几乎包揽了全部重要的战役、战斗任务，以出乎意外的极少的损失，赢得了巨大战果，为反法西斯事业做出了不可估量的贡献。

英国“剑鱼”轰炸机

小档案

机身长度：	10.87米
机身高度：	3.76米
翼　展　：	13.87米
空　重　：	1900千克
最大速度：	222千米/小时

“剑鱼”轰炸机由菲尔利航空器制造公司设计制造，是二战时期的英国皇家海军航空兵使用的主要机型之一。该轰炸机于1936年开始投入使用，总共生产了2392架。“剑鱼”攻击机虽然飞行速度慢，但得益其双翼设计，飞机在相同的起飞距离上获得的升力比单翼机要多，在舰上起飞时需要的滑跑距离更短，飞行航程更大，而且起降和飞行的稳定性更高。

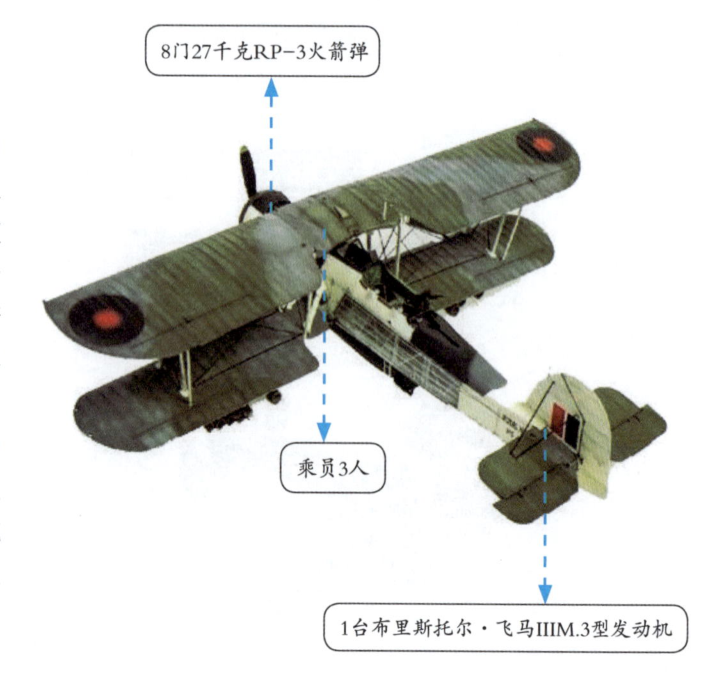

英国“堪培拉”轰炸机

小档案	
机身长度：	19.96米
机身高度：	4.77米
翼　展　：	19.51米
空　重　：	9820千克
最大速度：	933千米/小时

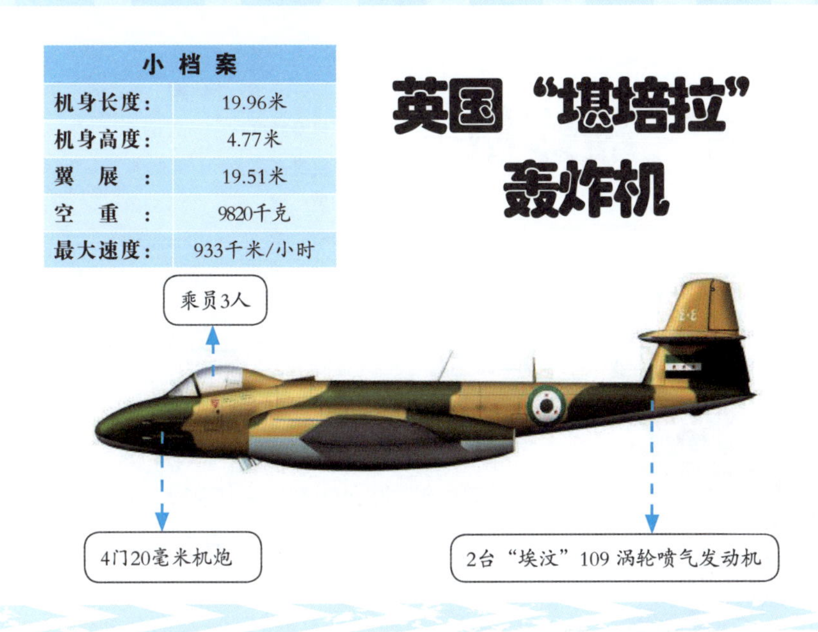

“堪培拉”是英国空军第一种轻型喷气式轰炸机。该轰炸机机身为普通全金属半硬壳式加强蒙皮结构，机身截面呈圆形，机身尾段装有电子设备。“堪培拉”轰炸机执行轰炸任务时，弹舱内可载6枚454千克炸弹，另外在两侧翼下挂架上还可挂载907千克炸弹。执行遮断任务时，可在弹舱后部装4门20毫米机炮。

英国“火神”轰炸机

“火神”轰炸机是英国阿芙罗公司研制的战略轰炸机，1956年开始服役，1984年退出现役。“火神”轰炸机是英国空军在二战装备的三种战略轰炸机之一，也是世界上最早的三角形机翼轰炸机。此外，“火神”轰炸机还执行过海上侦察任务，甚至被改装为空中加油机。

小档案	
机身长度：	29.59米
机身高度：	8.0米
翼　展　：	30.3米
空　重　：	37144千克
最大速度：	1038千米/小时

英国“勇士”轰炸机

小档案	
机身长度：	32.99米
机身高度：	9.8米
翼　展　：	34.85米
空　重　：	34491千克
最大速度：	913千米/小时

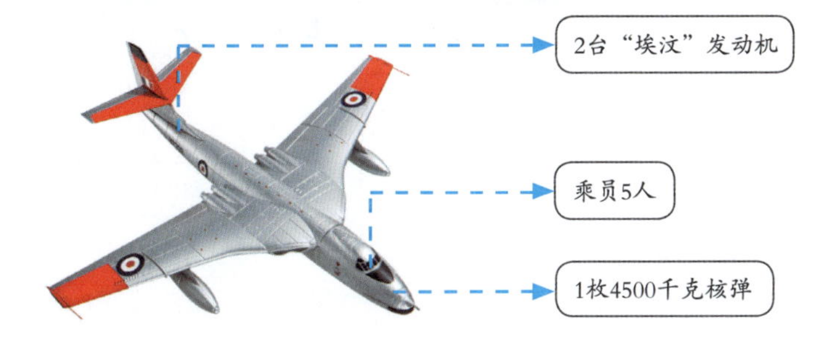

“勇士”轰炸机是英国维克斯·阿姆斯特朗公司研制的战略轰炸机，1955年开始服役，1965年退出现役。与“胜利者”轰炸机和“火神”轰炸机相比，“勇士”轰炸机的设计比较保守，但作为英国第一种服役的喷气式轰炸机，它仍有不少可取之处，在服役期间也保持了良好的安全纪录。

英国“胜利者”轰炸机

小 档 案

机身长度：	35.05米
机身高度：	8.57米
翼 展 ：	33.53米
空 重 ：	40468千克
最大速度：	1009千米/小时

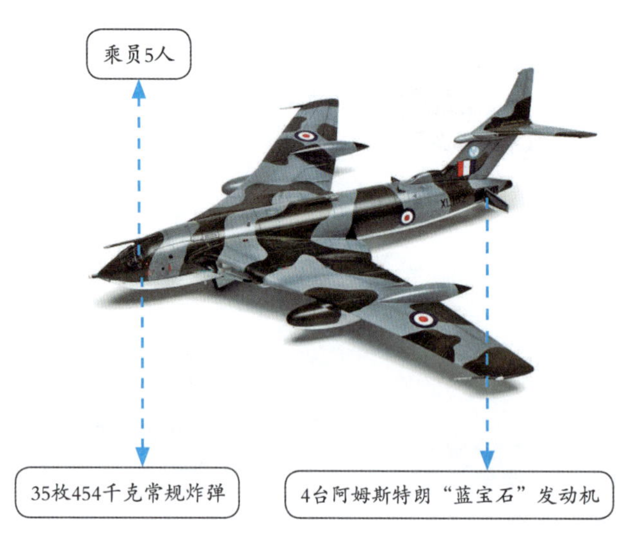

“胜利者”轰炸机是英国汉德利·佩季公司研制的四发战略轰炸机，1958年开始服役，1993年退出现役。“胜利者”轰炸机的弹舱容积比“勇士”轰炸机和“火神”轰炸机更大，提供了更好的传统武器搭载能力与特殊弹药搭载弹性。“胜利者”轰炸机没有固定武器，可在机腹下半埋式挂载1枚“蓝剑”核导弹，或在弹舱内装载35枚454千克常规炸弹，也可在机翼下挂载4枚美制“天弩”空对地导弹（机翼下每侧2枚）。

法国“幻影”Ⅳ轰炸机

小 档 案

机身长度：	23.49米
机身高度：	5.4米
翼 展 ：	11.85米
空 重 ：	14500千克
最大速度：	2340千米/小时

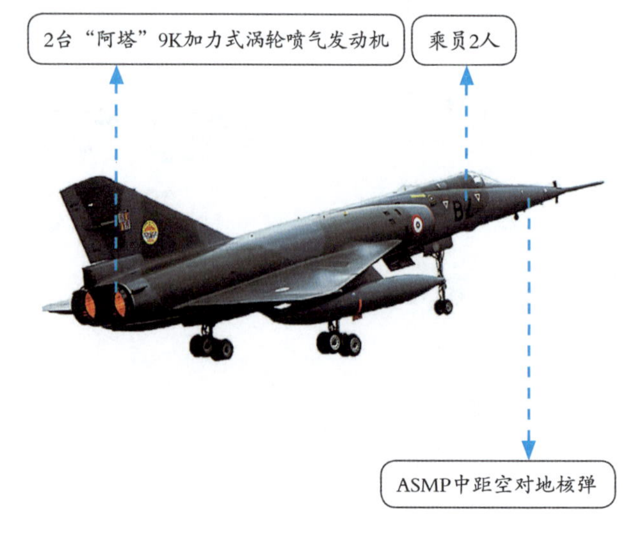

“幻影”Ⅳ轰炸机由法国达索公司研制，是一款非常小巧的超音速战略轰炸机。该轰炸机主要用于携带核弹或核巡航导弹高速突破防守，攻击敌战略目标。“幻影”Ⅳ轰炸机沿用了“幻影”系列传统的无尾大三角翼的布局，机翼为全金属结构的悬臂式三角形中单翼，前缘后掠角60度，主梁与机身垂直，后缘处有两根辅助梁，与前缘大致平行。机身为全金属半硬壳式结构，机头前端是空中加油受油管。

第5章

武装直升机入门

武装直升机是装有武器、为执行作战任务而研制的直升机，由于具有独特的作战性能，因此在局部战争中发挥日益重要的作用。本章主要介绍二战以来世界各国制造的经典武装直升机，每种直升机都简明扼要地介绍了其制造背景和作战性能，并有准确的参数表格。

美国H-21“肖尼”直升机

小档案	
机身长度:	16.01米
机身高度:	4.8米
翼 展 :	13.41米
空 重 :	4058千克
最大速度:	204千米/小时

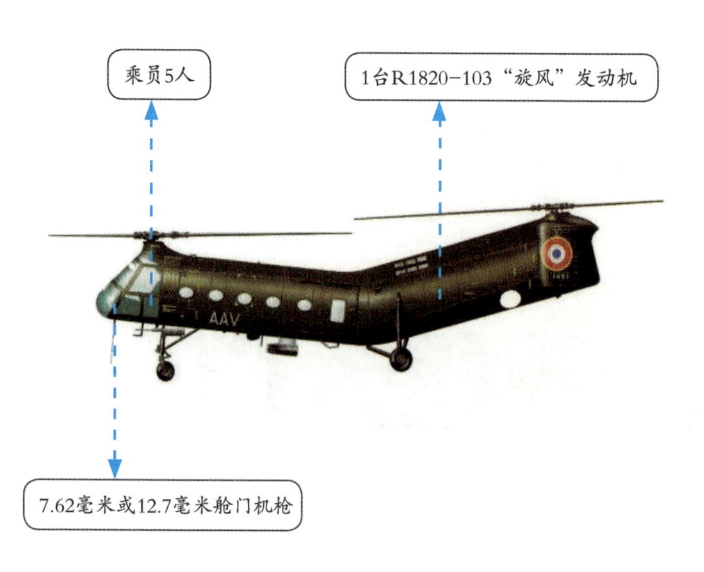

H-21“肖尼”是美国皮亚塞基公司（现属波音公司）于20世纪50年代为美国陆军研制的运输直升机，用于充实一线运输直升机数量。法国曾在阿尔及利亚使用一种武装型CH-21，在舱口和起落架滑橇上安装了机枪和无控火箭弹，这种改装产品标志了武装直升机的诞生。H-21直升机是一种多用途直升机，根据不同任务可装备机轮、滑橇或浮桶。

美国UH-1“伊洛魁”直升机

小档案	
机身长度:	17.4米
机身高度:	4.4米
翼 展 :	14.6米
空 重 :	2365千克
最大速度:	220千米/小时

UH-1是美国贝尔直升机公司为满足美国陆军招标要求而研制的，其军用编号原为HU-1，1963年改为UH-1“休伊”（Huey）通用直升机，绰号“美国老爹”，但最常用的绰号为“依洛魁”（Iroquois）。该直升机为多用途设计，从攻击任务到运输补给皆能胜任。UH-1的改型很多，主要装备美国陆军，美国空军、美国海军也有装备，其中美国海军陆战队装备UH-1E，美国海军装备HH-1K和TH-1L、UH-1L等机型。UH-1还出口到世界许多国家和地区，生产总数在16000架以上，是世界上生产数量最多的几种直升机之一。

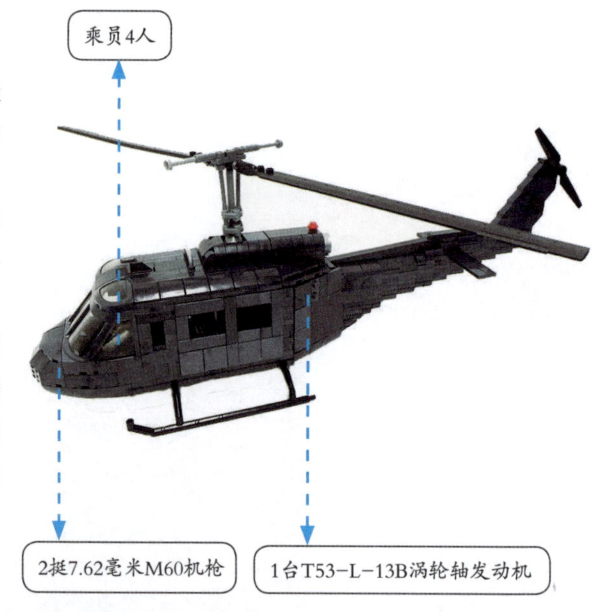

美国UH-60“黑鹰”直升机

小档案	
机身长度：	19.76米
机身高度：	5.13米
翼　展　：	16.36米
空　重　：	4819千克
最大速度：	357千米/小时

UH-60“黑鹰”是由美国西科斯基公司研制的双涡轮轴引擎、中型通用/武装直升机，是美军使用最为普遍的武装直升机，主要执行运送突击部队和攻击地面目标等任务。1979年，“黑鹰”直升机进入美国陆军服役。该直升机用途广泛，型号众多，是美军使用最为普遍的军用直升机。除美国外，还有20多个国家装备，包括英国、墨西哥、澳大利亚、奥地利、摩洛哥、土耳其等。

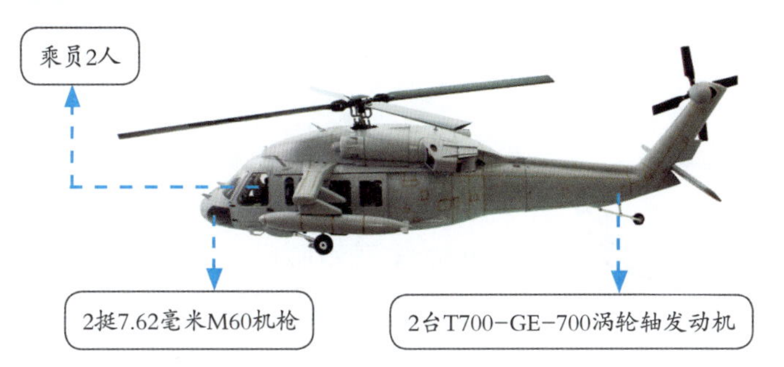

美国AH-56“夏延”直升机

AH-56“夏延”是一种在特殊时期、采用特殊技术、按特殊要求设计的重型武装直升机，由美国洛克希德公司采用刚性旋翼的复合直升机方案研发而来。“夏延”直升机的火力十分强大，火控系统也十分先进，装备有地形跟踪雷达、激光测距仪、夜视仪、惯性导航和其他先进系统，不光要求能做昼夜高速贴地飞行，还要求在高速飞行中，用30毫米炮单发命中地面目标。

小档案	
机身长度：	16.66米
机身高度：	4.18米
翼　展　：	15.62米
空　重　：	5540千克
最大速度：	393千米/小时

美国RAH-66“科曼奇”直升机

小档案	
机身长度：	14.28米
机身高度：	3.37米
翼　展　：	11.9米
空　重　：	3942千克
最大速度：	324千米/小时

RAH-66“科曼奇”由波音公司与西科斯基飞行器公司合作开发。该直升机最突出的优点是它采用了直升机中前所未有的全面隐身设计。机身采用了类似F-117“夜鹰”战斗机的多面体圆滑边角设计，减少直角反射面，并采用吸波材料。RAH-66“科曼奇”直升机还广泛采用了复合材料，其所用复合材料占整个直升机结构重量的51%。

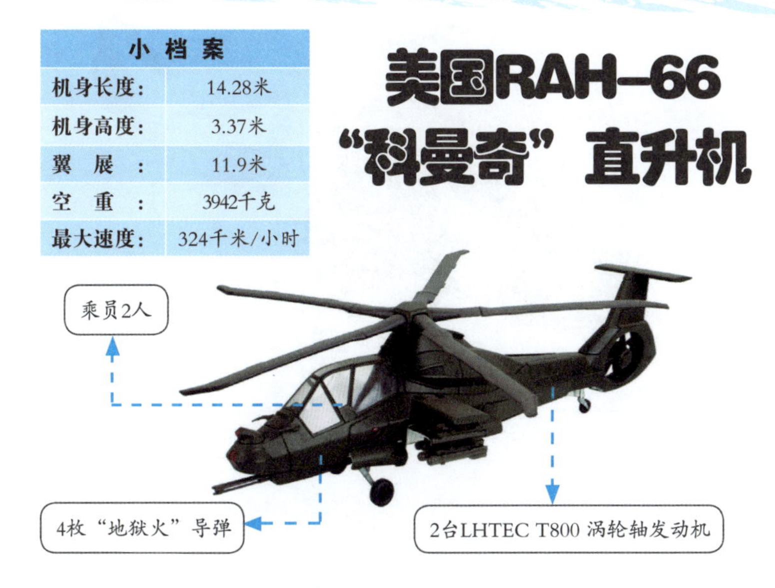

美国AH-1“眼镜蛇”直升机

小档案

机身长度：	13.6米
机身高度：	4.1米
翼　展　：	14.63米
空　重　：	2993千克
最大速度：	277千米/小时

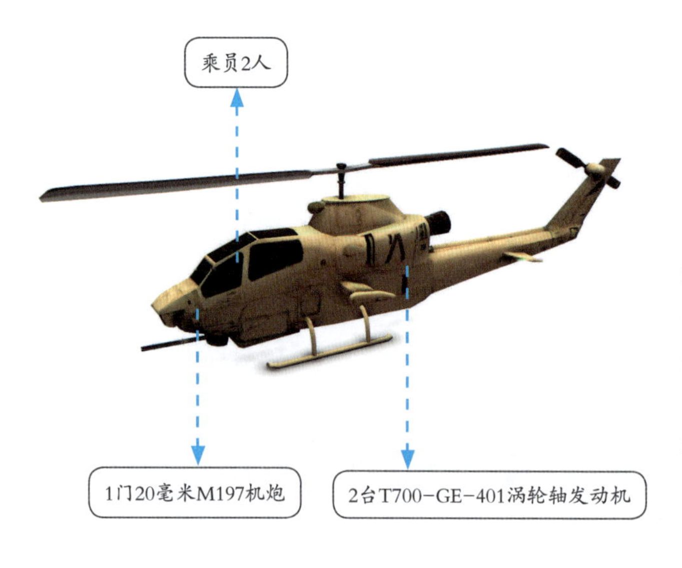

AH-1“眼镜蛇”直升机是美国贝尔直升机公司研制的武装直升机，1967年开始服役。至今AH-1直升机仍有不少改进型号在役。AH-1直升机是美国第一代武装直升机，也是世界上第一种专门开发的专用武装直升机，其飞行与作战性能好、火力强，被许多国家广泛使用，经久不衰并几经改型。

美国AH-1W“超级眼镜蛇”直升机

小档案

机身长度：	13.6米
机身高度：	4.1米
翼　展　：	14.6米
空　重　：	4953千克
最大速度：	352千米/小时

AH-1W“超级眼镜蛇”是AH-1直升机的双引擎衍生型之一，是非常有效的低空火力平台，能够在树梢高度为地面部队提供精准、猛烈、有效的火力支援。AH-1W直升机的主要部位均有装甲防护，小巧的机身便于伪装隐蔽和在丛林中飞行，生存能力强。

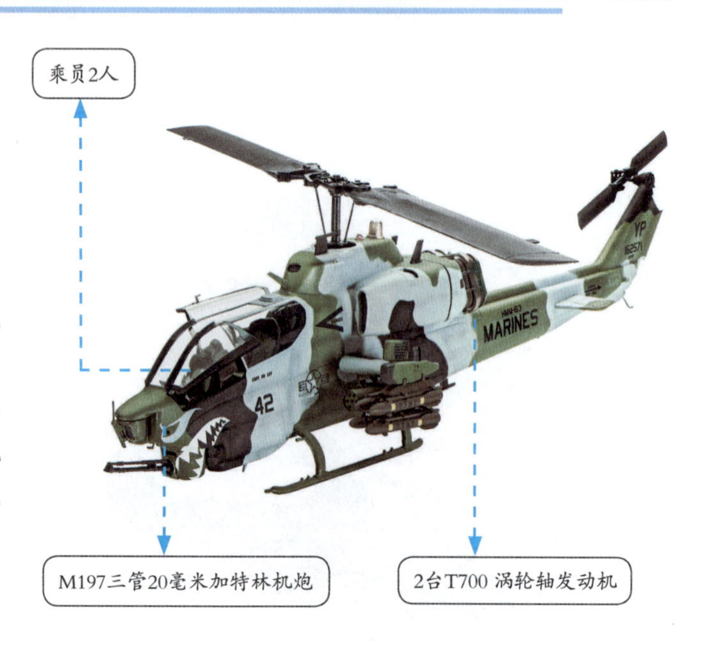

美国AH-1Z“蝰蛇”直升机

小档案	
机身长度：	17.8米
机身高度：	4.37米
翼　展　：	14.6米
空　重　：	5580千克
最大速度：	390千米/小时

乘员2人

2台T700-GE-401C型涡轴发动机

3管20毫米M197型加特林机炮

AH-1Z“蝰蛇”是AH-1直升机的双引擎衍生型之一，在AH-1W“超级眼镜蛇”的基础上改进而来。AH-1Z“蝰蛇”直升机的首架原型机于2000年试飞成功，“蝰蛇”虽然名义上属于AH-1W“超级眼镜蛇”的性能改进版，但其研制计划的工作量已经完全不低于开发一种全新的武装直升机。相比“超级眼镜蛇”直升机，“蝰蛇”直升机在航空电子系统、旋翼、动力系统方面全面翻新，尤其是航空电子系统已经达到世界顶尖水平，与AH-64D“长弓阿帕奇”直升机不相上下。

美国AH-6“小鸟”直升机

AH-6“小鸟”是美国休斯直升机公司（1985年8月27日并入麦克唐纳·道格拉斯公司，后又并入波音公司）研制的武装直升机，主要用户为美国陆军。最初的AH-6直升机是从现货供应的OH-6A直升机改型而来。作为一款轻型攻击平台，它装有越南战争时期使用过的XM27E/M134“加特林”机枪，装在机身左侧。为了便于运输，AH-6直升机的尾梁可折叠。

小档案	
机身长度：	9.94米
机身高度：	2.48米
翼　展　：	8.3米
空　重　：	722千克
最大速度：	282千米/小时

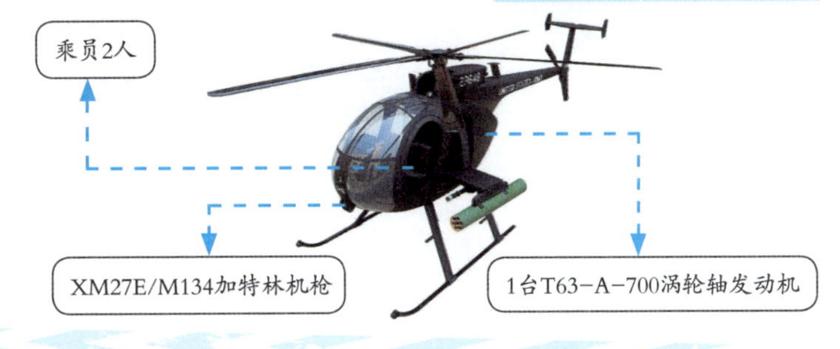

美国AH-64“阿帕奇”直升机

小档案	
机身长度：	17.73米
机身高度：	3.87米
翼　展　：	14.63米
空　重　：	5165千克
最大速度：	293千米/小时

AH-64“阿帕奇”是由美国麦克唐纳·道格拉斯公司（现波音公司）制造的全天候双座武装直升机。该机是目前美国陆军仅有的一种专门用于攻击的直升机，其最先进的改型为AH-64D“长弓阿帕奇”。AH-64以其卓越的性能、优异的实战表现，自诞生之日起，一直是世界上武装直升机综合排行榜第一名。

美国OH-58“奇欧瓦”直升机

小档案

机身长度:	12.39米
机身高度:	2.29米
翼展:	10.67米
空重:	1490千克
最大速度:	222千米/小时

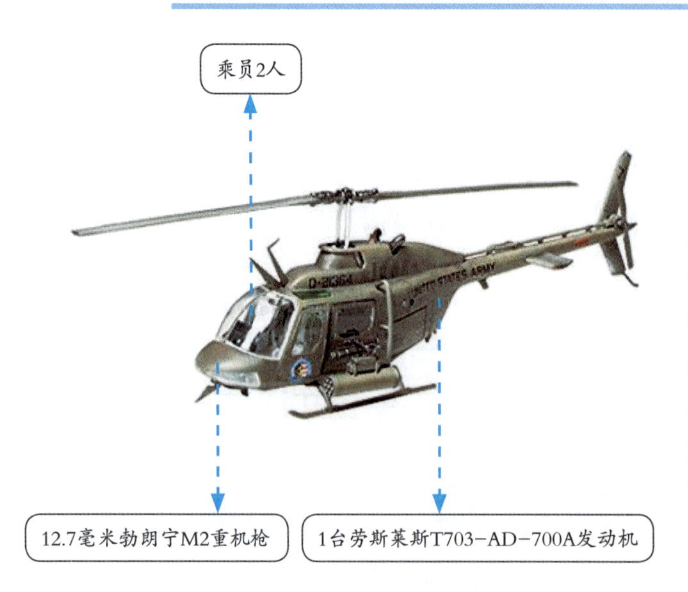

OH-58“奇欧瓦”是美国贝尔直升机公司研制的轻型直升机，其中OH-58A、OH-58B、OH-58C为侦察直升机，最新的OH-58D“奇奥瓦战士”为武装版，主要是担任陆军支援的侦察角色。OH-58系列基本上照搬了贝尔406直升机的机身，安装滑橇式起落架，机身两侧各有一个舱门，舱内有加温和通风设备。

美国H-76“鹰”直升机

小档案

机身长度:	13.22米
机身高度:	3.58米
翼展:	12.44米
空重:	3798千克
最大速度:	287千米/小时

H-76“鹰”是美国西科斯基飞机公司研制的武装通用直升机，由该公司S-76系列民用直升机发展而来。该直升机安装了综合航空电子设备、飞行管理系统、双数字式自动驾驶仪以及全玻璃机舱，具备全天候飞行能力。H-76直升机具有结实、轻巧且耐腐蚀的特点，非常便于维护，燃油利用效率高，这些因素大大降低了该直升机的使用成本。

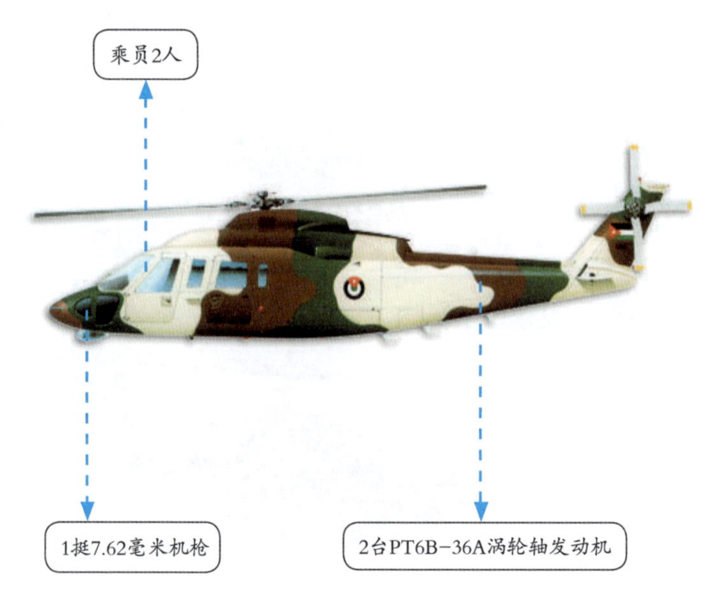

美国SH-3“海王”直升机

小档案	
机身长度：	16.7米
机身高度：	5.13米
翼　展　：	19米
空　重　：	5382千克
最大速度：	267千米/小时

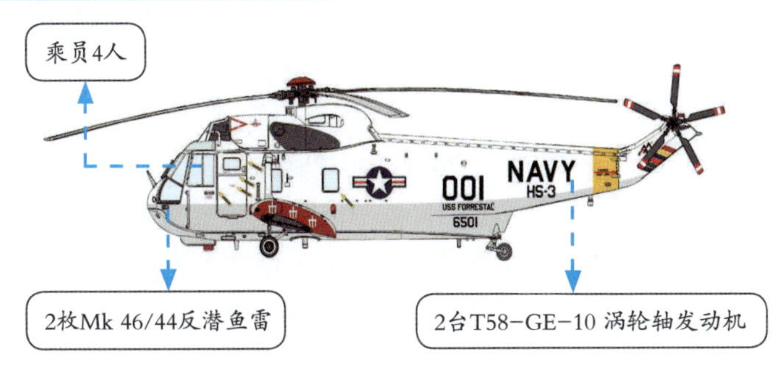

SH-3“海王”是美国西科斯基公司研制的双发中型多用途直升机，可执行反潜、反舰、救援、运输、通信、空中预警和行政专机等多种任务，并具备全天候作战能力。由于SH-3“海王”直升机具有良好作战性能及较多的用途，所以除了美军装备使用之外，世界各国也纷纷采购。目前，美国海军的“海王”直升机已经转用于支援、后勤、搜救、测试等用途，最后一架战斗型“海王”直升机于2006年1月退役。

美国SH-60“海鹰”直升机

小档案	
机身长度：	19.75米
机身高度：	5.2米
翼　展　：	16.35米
空　重　：	6895千克
最大速度：	333千米/小时

SH-60“海鹰”是美国西科斯基公司研制的中型军用直升机，是UH-60“黑鹰”直升机的衍生型号。该直升机具有反潜和发射反舰导弹的能力，主要型号有SH-67B、SH-60F和SH-60R等。SH-60“海鹰”直升机与在陆军服役的UH-60“黑鹰”直升机有83%的零部件和前者是通用的。由于海上作战的特殊性，“海鹰”直升机的改进比较大，机身蒙皮经过特殊处理，以适应海水的腐蚀。

美国MH-68A直升机

小档案	
机身长度：	13.5米
机身高度：	3.3米
翼　展　：	11米
空　重　：	1415千克
最大速度：	305千米/小时

乘员3人
7.62毫米M240机枪
2台PW206C发动机

MH-68A是美国阿古斯塔公司为美国海警研发的近程武装拦阻直升机，主要装备美国海警战术拦截直升机中队。自从使用MH-68A直升机以来，该直升机中队已经拦截了价值超过15亿美元的走私毒品。该直升机中队是美国军力中唯一为打击毒品走私而战的武装直升机部队。目前，该直升机中队的人员已经超过了70人，其任务已扩展到执行缉毒、反恐等一线的保护国土安全领域。

美国ARH-70“阿拉帕霍”直升机

小档案	
机身长度：	10.57米
机身高度：	3.56米
翼　展　：	10.67米
空　重　：	1178千克
最大速度：	259千米/小时

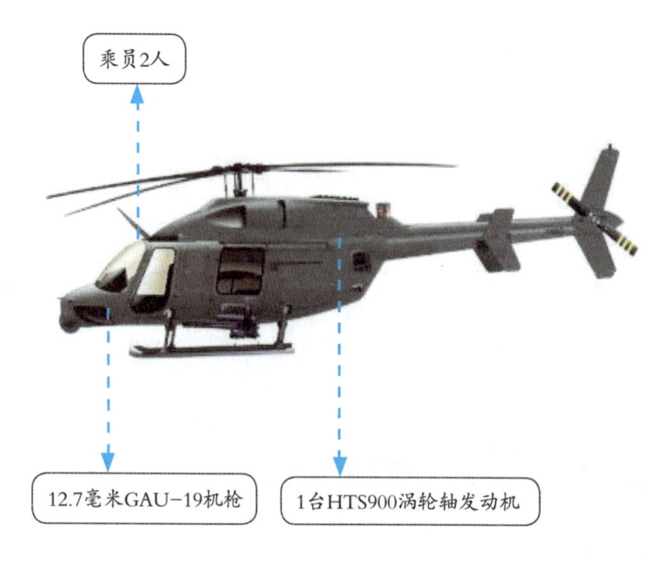

ARH-70“阿拉帕霍”是由美国贝尔直升机公司研制的武装侦察直升机，主要用于填补OH-58D等侦察直升机不断老化而造成的空缺。ARH-70直升机采用了单旋翼带尾桨式布局，机身上部从前至后依次安装有主减速器和一台涡轮轴发动机。ARH-70的后机身采用碳纤维尾梁。尾梁中部装有铝合金蜂窝结构的固定式平尾，平尾两端安装有后掠式固定端板，前缘有前缘缝翼，可以有效改善平尾的工作效率。

美国S-97“侵袭者”直升机

小档案	
机身长度：	11米
机身高度：	3.6米
翼　展　：	10.4米
空　重　：	4057千克
最大速度：	444千米/小时

S-97“侵袭者”是美国西科斯基公司于2010年开始研制的新型武装直升机，在直升机领域具有划时代意义。它最大限度地保留了直升机的优点，还弥补了直升机的先天缺陷。该直升机在飞行速度、安静性等方面大幅超越了传统的军用直升机，加上其具备火力打击和运兵双重能力，在未来战争中大有用武之地。

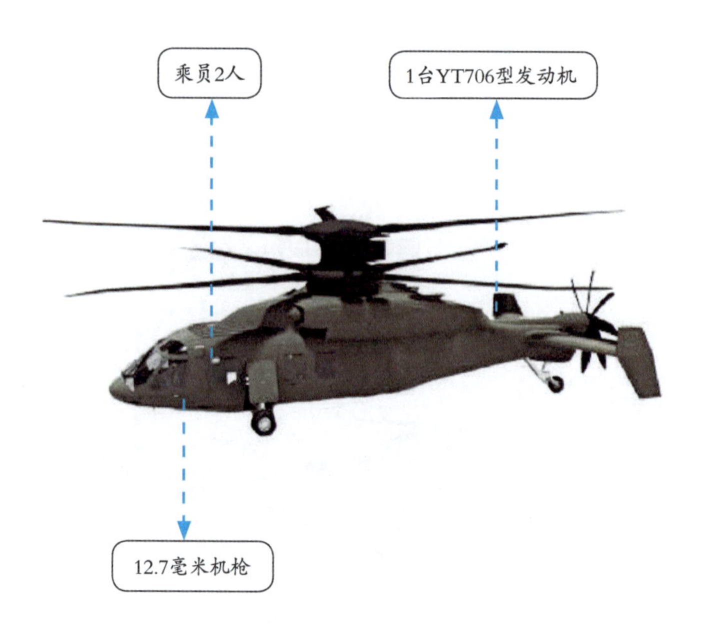

苏联/俄罗斯米-8“河马”直升机

小档案	
机身长度：	18.17米
机身高度：	5.65米
翼　展　：	21.29米
空　重　：	7260千克
最大速度：	260千米/小时

乘员3人

16枚57毫米火箭弹

2台TV2-117涡轮轴发动机

米-8是由苏联米里设计局研制、喀山直升机厂生产的中型直升机，北约绰号为“河马”。除了担任运输任务以外，该直升机还能够加装武器进行火力支援。米-8直升机采用了第二代直升机的一些新技术，使其寿命大大延长。其机身结构为传统的全金属截面半硬壳短舱加尾梁式结构，分前机身、中机身，尾梁和带固定平尾的尾斜梁，主要材料为铝合金，尾部采用了一些钛合金和高强度钢。

苏联/俄罗斯米-24“雌鹿”直升机

米-24是由苏联米里直升机工厂研制的苏联第一代专用武装直升机，北约代号为“雌鹿”。该机不但具有强大的攻击火力，而且还有一定的运输能力。米-24直升机于1969年首次试飞，1971年定型，1972年底投入批生产，1973年正式开始装备部队使用。米-24直升机的作战任务主要为压制敌方地面部队和防空火力，并且能够运输少量的步兵执行战术作战。该机是兼具攻击与运输的直升机，任何北约国家都没有此类机种。

小档案	
机身长度：	17.5米
机身高度：	6.5米
翼　展　：	17.3米
空　重　：	8500千克
最大速度：	335千米/小时

苏联/俄罗斯米-28“浩劫”直升机

小档案	
机身长度：	17.01米
机身高度：	3.82米
翼　展　：	17.20米
空　重　：	8100千克
最大速度：	325千米/小时

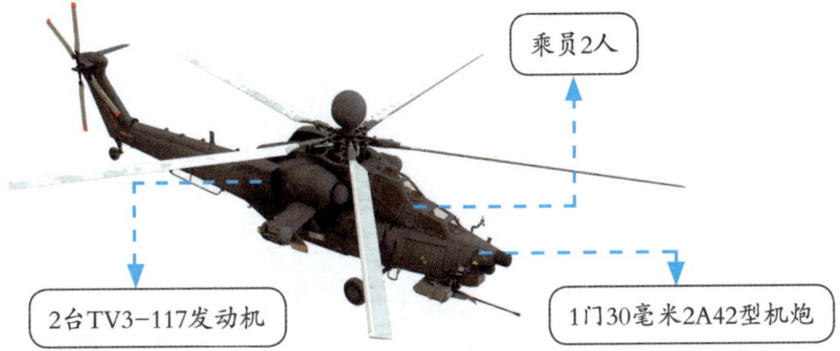

米-28是苏联米里直升机工厂研制的单旋翼带尾桨全天候专用武装直升机，北约绰号为“浩劫”，于1972年开始设计，1982年11月首飞。该直升机综合性能优越，多年来经常出现在国际武器装备展，是俄制新世代武器装备的代表之一。米-28直升机是当前世界上唯一的全装甲直升机，只承担作战任务，特别强调飞行人员的存活率。目前，俄罗斯一共装备了52架米-28直升机。

俄罗斯米-35“雌鹿”E直升机

小档案	
机身长度：	18.8米
机身高度：	6.5米
翼　展　：	17.1米
空　重　：	8200千克
最大速度：	330千米/小时

米-35是俄罗斯米里莫斯科直升机厂（米里设计局）研制的中型多用途武装直升机，是苏联的第一种专用武装直升机米-24的改进型，被北约称为“雌鹿”E。米-35可执行多种任务，该直升机最大的优点是有一个可容纳8名人员的货舱，最大起飞重量超出米-8直升机武装型一倍。

苏联/俄罗斯卡-27“蜗牛”直升机

小档案	
机身长度：	11.3米
机身高度：	5.5米
翼　展　：	15.8米
空　重　：	6500千克
最大速度：	270千米/小时

卡-27是苏联卡莫夫设计局为苏联海军设计的反潜直升机，卡-28是其出口型，卡-29是其武装运输改型。卡-27原型于1974年12月首飞，北约绰号为“蜗牛”。卡-27直升机的主要任务为运输和反潜，机身两侧带有充气浮筒，紧急情况下，可在水上着陆。为适应在海上使用，机身材料采用抗腐蚀金属。

乘员1～3人

无固定机炮

2台TV3-117V涡轮轴发动机

苏联/俄罗斯卡-29“蜗牛”-B直升机

小档案	
机身长度：	15.9米
机身高度：	5.4米
翼　展　：	15.5米
空　重　：	5520千克
最大速度：	280千米/小时

卡-29是苏联卡莫夫直升机科学技术联合体（原卡莫夫实验设计局）研制的双发突击运输及电子战直升机，北约绰号为“蜗牛”-B。该直升机于20世纪60年代末开始研制，1985年进入苏联北海舰队和太平洋舰队服役。卡-29直升机设有强力装甲，能保证其在作战中有足够的生存能力。

苏联/俄罗斯卡-50“黑鲨”直升机

小档案	
机身长度：	13.5米
机身高度：	5.4米
翼　展　：	14.5米
空　重　：	7800千克
最大速度：	350千米/小时

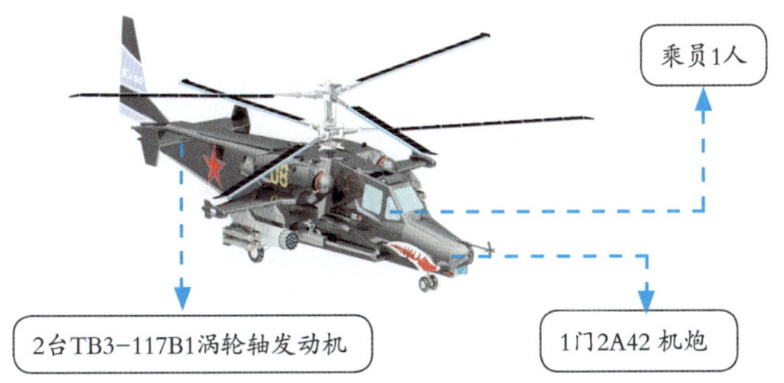

卡-50“黑鲨”是苏联卡莫夫设计局研制的单座武装直升机，于 1977 年完成设计，1982 年 7 月 27 日首次试飞。该直升机的设计目标是在最小最轻的范围内达到最快速度和敏捷性。它是目前唯一单人操作的武装直升机，除能完成反坦克任务外，还可用来执行反舰 / 反潜、搜索和救援、电子侦察等任务。

俄罗斯卡-52“短吻鳄”直升机

卡-52“短吻鳄”是俄罗斯卡莫夫设计局在卡-50 基础上改进而来的全天候武装直升机，该直升机继承了卡-50 的动力装置、侧翼、尾翼、起落架、机械武器和其他一些机载设备。不同的是，卡-52 直升机采用了并列双座布局的驾驶舱，而不是卡-50 直升机的单座驾驶舱。卡-52 直升机最显著的特点是采用并列双座布局的驾驶舱，而非传统的串列双座。这种设计是根据现代武装直升机的驾驶需要和所担负的战斗任务而设计开发的。

小档案	
机身长度：	15.96米
机身高度：	4.93米
翼　展　：	14.43米
空　重　：	8300千克
最大速度：	310千米/小时

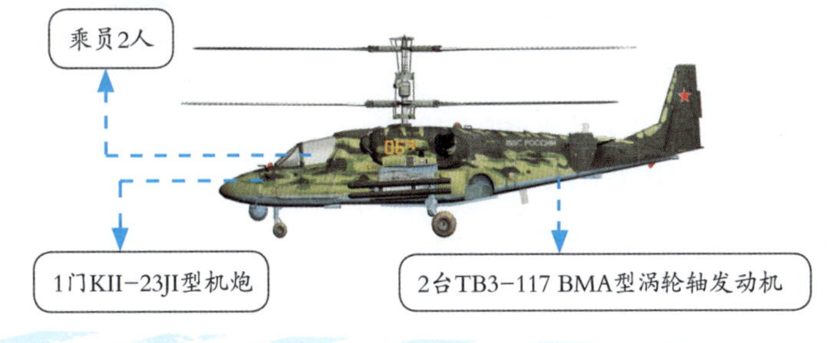

法国SA 316/319“云雀”Ⅲ直升机

小档案	
机身长度：	12.84米
机身高度：	3米
翼　展　：	11.02米
空　重　：	1134千克
最大速度：	220千米/小时

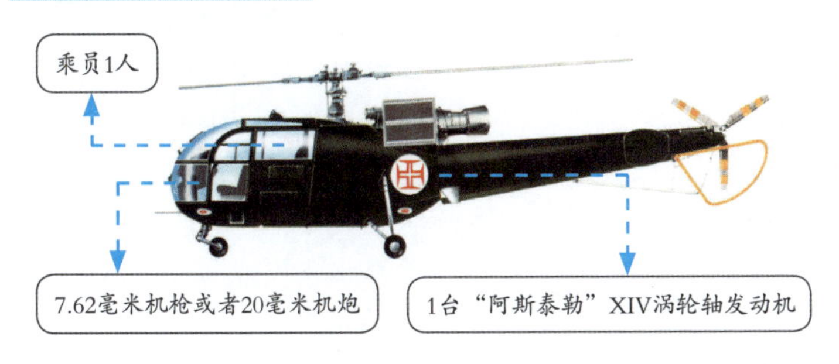

SA 316/319B“云雀”Ⅲ是法国国营航宇工业公司（现欧洲直升机公司法国分公司）在“云雀”Ⅱ直升机的基础上研制的轻型多用途直升机，已被世界上 70 多个国家和地区采用。该直升机的用途比较广泛，特种部队在对地攻击时也可采用。“云雀”Ⅲ直升机有 SA 316 和 SA 319 两个系列。SA 316 于 1959 年 2 月 28 日首飞，1961 年开始生产。“云雀”Ⅲ直升机的军用型可以安装 7.62 毫米机枪或者 20 毫米机炮。

法国SA 321“超黄蜂”直升机

小 档 案	
机身长度：	23.03米
机身高度：	6.66米
翼　展　：	18.9米
空　重　：	6702千克
最大速度：	275千米/小时

SA 321“超黄蜂”是法国国营航宇工业公司（现欧洲直升机公司法国分公司）研制的三发中型多用途直升机，由较小的SA 320“黄蜂”直升机发展而来，是法国国营航宇工业公司根据法国军方的要求于1960年开始研制的。第一架原型机为部队运输型，于1962年12月7日首次试飞。1963年7月，这架直升机创造了多项直升机世界纪录。

法国SA 330“美洲豹”直升机

小 档 案	
机身长度：	19.5米
机身高度：	5.14米
翼　展　：	15米
空　重　：	3615千克
最大速度：	271千米/小时

1963年1月，法国国营航宇工业公司（现欧洲直升机公司法国分公司）开始研制SA330“美洲豹”直升机，原型机于1965年4月15日首次试飞，1969年春天开始服役。SA 330直升机有一个高度相对较大的粗短机身，尾撑平直，机头为驾驶舱，主机舱开有侧门，可装载16名武装士兵或8副担架加8名轻伤员，也可运载货物，机外吊挂能力为3200千克。

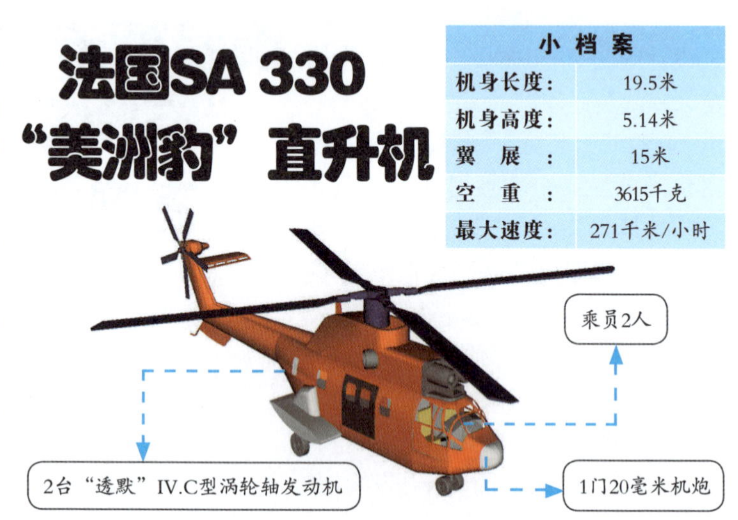

法国AS 532“美洲狮”直升机

小 档 案	
机身长度：	18.7米
机身高度：	4.92米
翼　展　：	15.6米
空　重　：	4330千克
最大速度：	278千米/小时

AS 532“美洲狮”直升机是欧洲直升机公司法国分公司研制的双发多用途直升机，曾被世界上40多个国家采用。AS 532“美洲狮”直升机的旋翼为4片全铰接桨叶，尾桨叶也是4片，其起落架为液压可收放前三点式，前轮为自定中心双轮，后轮是单轮。该直升机的机载设备可根据不同的需要灵活调整。

法国SA 565“黑豹”直升机

小档案	
机身长度：	13.7米
机身高度：	4.1米
翼　展　：	11.9米
空　重　：	2255千克
最大速度：	296千米/小时

乘员2人

44枚68毫米火箭

2台TM333-1M涡轮轴发动机

SA 565“黑豹”是法国国营航宇工业公司（现欧洲直升机公司法国分公司）在“海豚”2直升机的基础上发展而来多用途直升机，可为两栖作战部队和特种部队提供支援。“黑豹”直升机的机体结构基本上类似于SA 365N，但它大大加强了在作战地域的生存能力，仅在机动部件上采用了复合材料。整个基本机体可经受得住在最大起飞重量条件下，以7米/秒的垂直下降速度碰撞，燃油系统能经受得住14米/秒坠落速度的碰撞。

英/法SA341/342“小羚羊”直升机

SA341/342“小羚羊”是由法国国营航宇工业公司（现欧洲直升机公司法国分公司）和英国韦斯特兰直升机公司共同研制的轻型直升机，主要用户为法国、英国和埃及等。“小羚羊”采用并列双座驾驶机制，座舱共有两排5个座位。该直升机只有一套操纵系统，但可选装双重驾驶系统。后排座椅可折叠到地板上，并配有固定环等设施，以便在后舱装载货物。

小档案	
机身长度：	11.97米
机身高度：	3.19米
翼　展　：	10.5米
空　重　：	991千克
最大速度：	260千米/小时

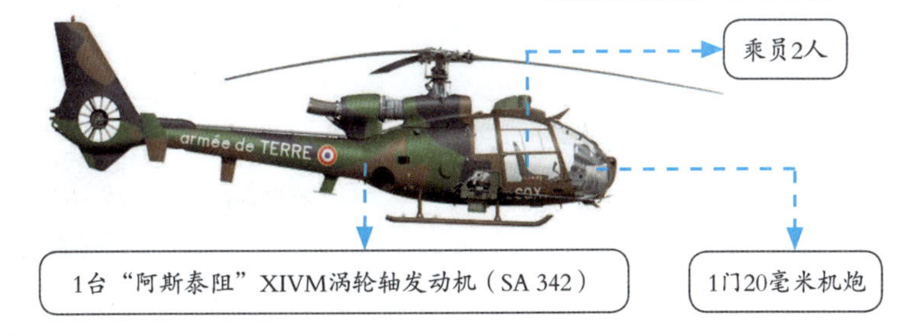

英/法“超级大山猫”直升机

小档案	
机身长度：	15.24米
机身高度：	3.67米
翼　展　：	12.8米
空　重　：	3291千克
最大速度：	289千米/小时

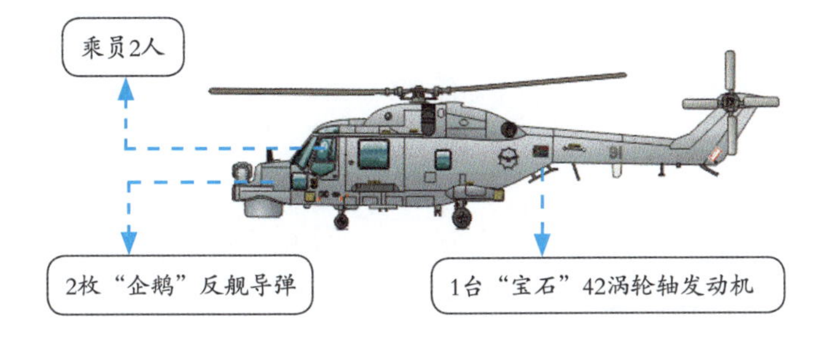

“超级大山猫”是英、法合作生产的双发多用途直升机，是“山猫”直升机的后续发展机型。“超级大山猫”直升机具备全天候作战能力，它以其优良性能和不太高的价格打开了国际市场，成为世界海上直升机市场上销售量最大的直升机之一。起初，它只是在“山猫”直升机的基础上加大了功率，后来不断技术升级，发展出“超级大山猫”100型、200型和300型。

小档案	
机身长度：	15.24米
机身高度：	3.73米
翼　展　：	12.8米
空　重　：	3300千克
最大速度：	291千米/小时

英国AW159“野猫”直升机

AW159“野猫”是英国阿古斯特·韦斯特兰公司在“山猫”直升机的基础上研制的新型武装直升机，早期命名为“未来山猫”，最后正式定名为“野猫”。该直升机的性能比较先进，可执行战术部队运输、后勤支援、护航、反坦克、搜索和救援、伤员撤退、侦察和指挥等多种任务。在外形方面，“野猫”直升机的尾桨经过重新设计，耐用性更强，隐身性能也更好。

德国BO 105直升机

BO 105是德国伯尔科夫公司于20世纪60年代研制的多用途武装直升机，曾被全球40多个国家和地区采用。BO 105的机身为普通半硬壳式结构，座舱前排为正、副驾驶员座椅，座椅上有安全带和自动上锁的肩带。该直升机使用普通的滑橇式起落架，舰载使用时可以改装成轮式起落架，海上使用时可以加装应急漂浮装置，需要时在3秒内可充气完毕。

小档案	
机身长度：	11.86米
机身高度：	3米
翼　展　：	9.84米
空　重　：	1276千克
最大速度：	270千米/小时

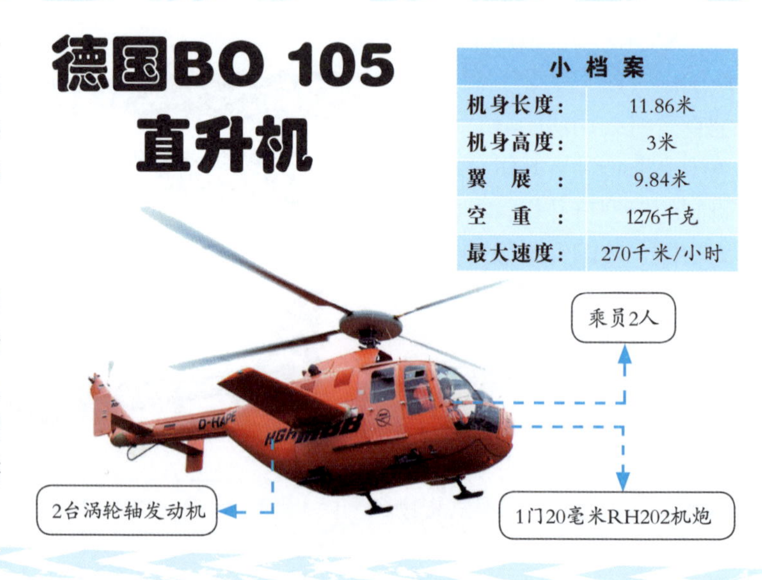

小档案	
机身长度：	12.28米
机身高度：	3.35米
翼　展　：	11.90米
空　重　：	2530千克
最大速度：	278千米/小时

意大利A129“猫鼬”直升机

A129“猫鼬”是意大利阿古斯塔公司研制的欧洲第一种武装直升机，也是第一种经历过实战考验的欧洲国家的武装直升机。A129直升机采用了武装直升机常用的布局，有着完善的全昼夜作战能力，它有2台计算机控制的综合多功能火控系统，可控制飞机各项性能。机上还装有前视红外探测系统，使得飞行员可在夜间贴地飞行。

欧洲AS 555 "小狐"直升机

小档案	
机身长度：	12.94米
机身高度：	3.34米
翼　展　：	10.69米
空　重　：	1220千克
最大速度：	246千米/小时

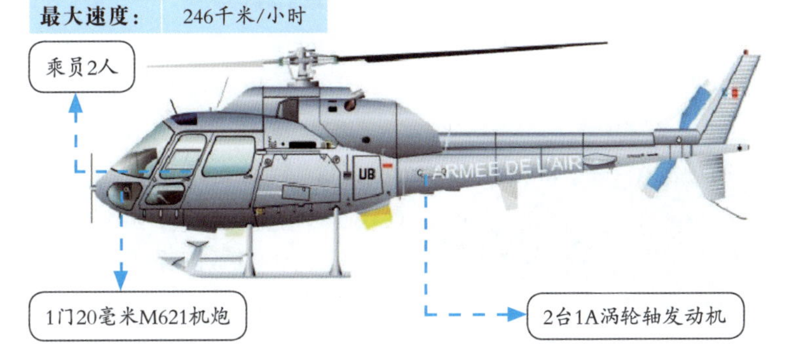

AS 555 "小狐"舰载轻型直升机由欧洲宇航防务与空间公司（EADS）的欧洲直升机子公司制造，分为SN和MN两个版本，前者属于战斗型，而后者不装备武器，两者都可服务于各国海军。AS 555 直升机的主机身两侧分别设有一个滑门。在主舱室后是一个大行李舱，与主舱室之间有一个小门相连。AS 555 直升机拥有搜索和营救绞盘，配备可承重 1134 千克的货物挂钩，可用于抢救伤员。

欧洲EH-101 "灰背隼"直升机

EH-101 "灰背隼"是英国、意大利联合研制的多用途直升机，可用来运送特种部队，或从舰艇和航空母舰上为两栖任务提供支援。EH-101 的机身结构由传统和复合材料构成，设计上尽可能采用多重结构式设计，主要部件在受损后仍能起作用，座舱玻璃框架是目前直升机中采用复合材料为框架的最大的一种。

小档案	
机身长度：	22.81米
机身高度：	6.65米
翼　展　：	18.59米
空　重　：	10500千克
最大速度：	309千米/小时

欧洲"虎"式直升机

小档案	
机身长度：	14.08米
机身高度：	3.83米
翼　展　：	13米
空　重　：	3060千克
最大速度：	315千米/小时

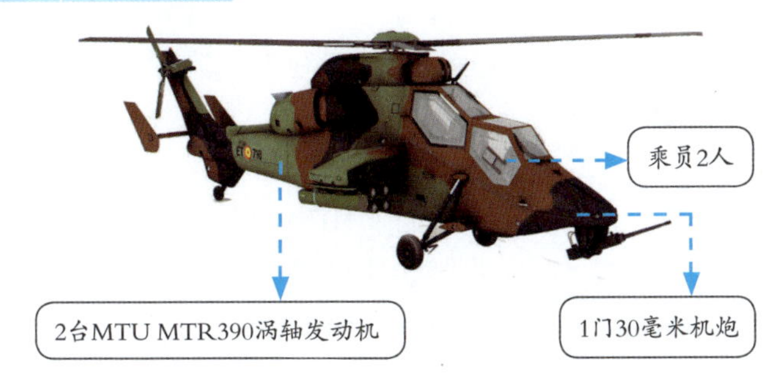

"虎"式是由欧洲直升机公司研制的武装直升机，目前德国、澳大利亚、法国、西班牙等国都有装备。"虎"式直升机于 1984 年开始研制，1991 年 4 月原型机首飞，1997 年首批交付法国。该直升机是世界军用直升机发展史上在论证、决策上持续时间最长的机型之一，其反坦克火力很强，且具备全天候作战能力和综合电子对抗能力。

欧洲NH90直升机

小档案	
机身长度：	19.56米
机身高度：	5.44米
翼　展　：	16.00米
空　重　：	5400千克
最大速度：	310千米/小时

NH-90直升机是英国、法国、德国、意大利和荷兰等北约国家于1985年9月开始联合研制的中型通用直升机，1995年11月原型机首次试飞，2000年6月30日开始批量生产。NH-90是新一代军用直升机，装备有现代化技术和系统，能使该平台昼夜和在不利的气候条件下完成各种任务。

南非CSH-2“石茶隼”直升机

CSH-2“石茶隼”是由南非阿特拉斯公司研制的武装直升机。由于南非具有独特的地貌特征，所以“石茶隼”直升机有着它独特的优点，它出勤率高、精确性强、适应性和生存能力都较强、维护较简便，同时还可以抵抗风沙。“石茶隼”直升机的座舱和武器系统布局与美国AH-64“阿帕奇”直升机很相似。

小档案	
机身长度：	18.73米
机身高度：	5.19米
翼　展　：	15.58米
空　重　：	5730千克
最大速度：	309千米/小时

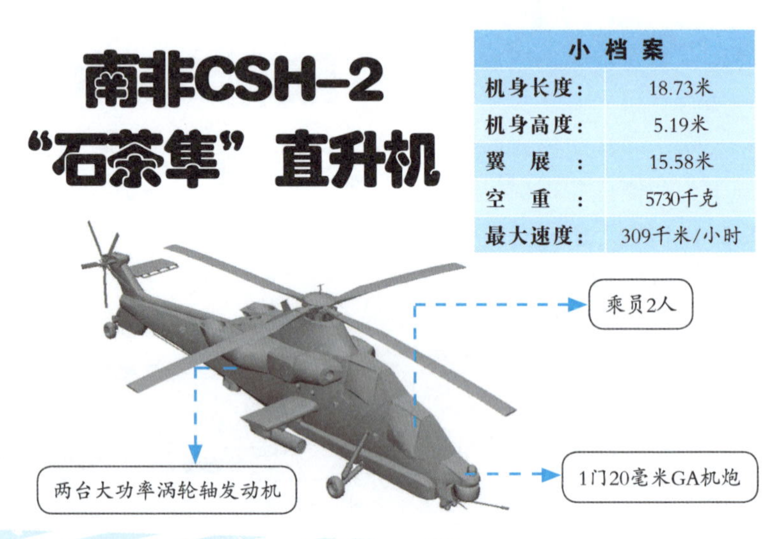

印度LCH直升机

小档案	
机身长度：	15.8米
机身高度：	4.7米
翼　展　：	13.3米
空　重　：	2250千克
最大速度：	330千米/小时

LCH是由印度斯坦航空有限公司研制和生产的轻型武装直升机，能够在复杂气候和天气条件下使用现代化武器执行作战任务。LCH直升机采用了其他专用武装直升机一样的纵列阶梯式布局，这样的好处就是机身外形狭窄，机身阻力较小，有利于武器的瞄准和发射，侧向视界好，在纵、横向受到撞击的时候，能改善飞行员的生存能力。另外由于两名飞行员距离较大，因此直升机被一发炮弹击中的时候，两名飞行员同时受伤的可能性很小。

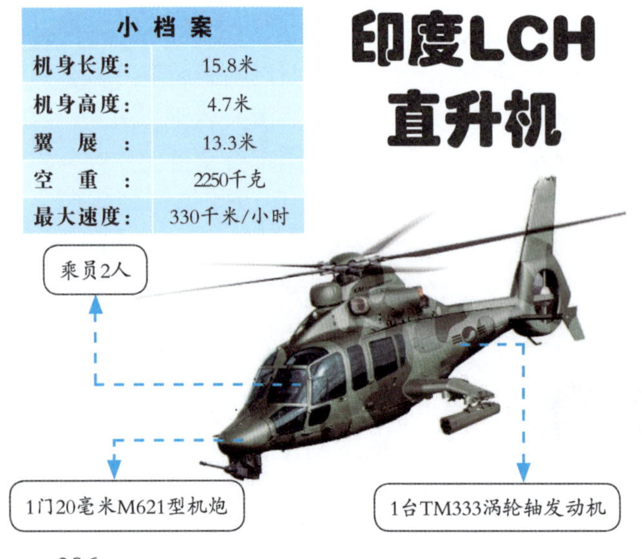

第6章

无人作战飞机入门

无人作战飞机是利用无线电遥控设备和自备的程序控制装置操纵的不载人飞机，具有体积小、造价低、使用方便、对作战环境要求低、战场生存能力较强等优点。本章主要介绍二战以来世界各国制造的经典无人机，每种无人机都简明扼要地介绍了其制造背景和作战性能，并有准确的参数表格。

美国MQ-1“捕食者”无人机

小档案

机身长度:	8.22米
机身高度:	2.1米
翼　展　:	14.8米
空　重　:	512千克
最大速度:	217千米/小时

MQ-1是通用原子技术公司研制的无人攻击机，绰号“捕食者”。MQ-1无人机从1995年服役以来，曾参加过阿富汗、波斯尼亚、塞尔维亚和利比亚的战斗。MQ-1能够在粗糙的地面上起飞升空，起降距离约为670米，起飞过程由遥控飞行员进行视距内控制。除此之外，在回收方面，MQ-1则采用软式着陆和降落伞紧急回收两种方式。它还可以在目标上空逗留24小时，对目标进行充分的监视，最大续航时间高达60小时。

美国RQ-3“暗星”无人机

小档案

机身长度:	4.6米
机身高度:	1.1米
翼　展　:	21.3米
空　重　:	1980千克
最大速度:	464千米/小时

RQ-3是由波音公司和洛克希德公司合作研制的无人侦察机，绰号“暗星”。RQ-3无人机采用了无尾翼身融合体设计，外形较为奇特，机翼的平面形状基本为矩形，进气口在机头上方，后机身下部是尾喷口。它装备的侦察设备包括合成孔径雷达和电光探测器，具有探测范围广和通用性能好的显著特点。除此之外，RQ-3无人机还具备自主起飞、自动巡航、脱离以及着陆的能力，可以在飞行中改变飞行程序，从而执行新的任务。

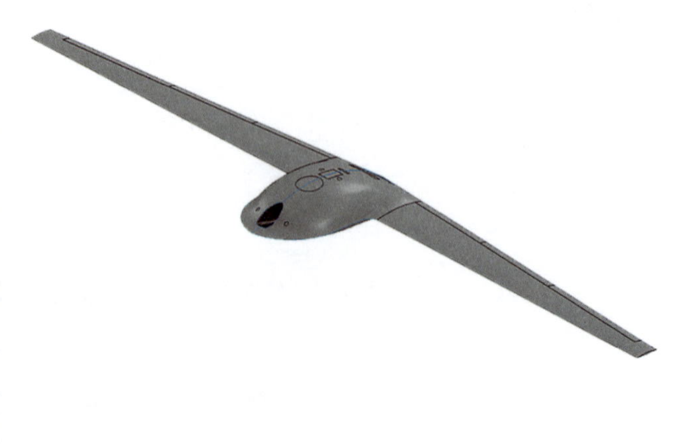

美国RQ-4“全球鹰”无人机

小档案

机身长度：	13.5米
机身高度：	4.6米
翼 展 ：	35.4米
空 重 ：	3850千克
最大速度：	650千米/小时

RQ-4是美国诺斯罗普·格鲁曼公司研制的无人侦察机，绰号“全球鹰”。它于1995年开始研制，1998年2月28日进行首次飞行，也是第一架可以在美国民航机领空飞行的无人机。RQ-4无人机能够提供后方指挥官纵观战场以及细部目标监视的能力，还装备有高分辨率合成孔径雷达，能够看穿云层和风沙。不仅如此，RQ-4无人机还可进行波谱分析的谍报工作，能够提前发现全球各地的危机和冲突，还能帮忙导引空军的导弹轰炸，从而降低误击率。

美国RQ-7“影子”无人机

小档案

机身长度：	3.4米
机身高度：	1米
翼 展 ：	4.3米
空 重 ：	84千克
最大速度：	204千米/小时

RQ-7是美军装备的无人侦察机，绰号“影子”，是“影子”系列当中最新的无人机系统。该无人机之所以享有“陆军的眼睛”之美称，是因为它可以让陆军指挥官在作战中“第一发现，第一了解，第一行动”。RQ-7无人机具有体积小、重量轻的特点。此外，该无人机的探测能力较强，不仅能够探测到距离陆军旅战术作战中心约125千米外的目标，还可以在2438米的高空上全天候侦察到3.5千米倾斜距离内的地面战术车辆。不仅如此，RQ-7无人机还可以为精确武器提供近实时目标定位数据。

美国MQ-8“火力侦察兵”无人机

小档案

机身长度:	7.3米
机身高度:	2.9米
翼　展　:	8.4米
空　重　:	940千克
最大速度:	213千米/小时

MQ-8是美国诺斯罗普·格鲁曼公司研制的垂直起降无人机，绰号“火力侦察兵”。美国海军于1998年11月提交了发展舰载垂直起降战术无人机的作战需求文件，并于1999年8月开始招标。美国海军通过该计划发展出了RQ-8A无人机，后来又研制出了功能更加强大的RQ-8B无人机。2005年，RQ-8B无人机的编号被改为MQ-8B。它可以在作战时迅速转变角色，执行搜集情报、侦察、监视、通信中继等多项任务。

美国MQ-9“收割者”无人机

小档案

机身长度:	11米
机身高度:	3.8米
翼　展　:	20米
空　重　:	2223千克
最大速度:	482千米/小时

MQ-9是一款由通用原子航空系统公司为美国空军所开发的无人机，绰号“收割者”，于2001年首次试飞，2007年开始服役。MQ-9无人机主要是为地面部队提供近距空中支援，此外，它还可以在危险地区执行持久监视以及侦察任务。值得一提的是，该无人机装备有先进的红外设备、电子光学设备以及微光电视和合成孔径雷达，拥有不俗的对地攻击能力，还拥有卓越的续航能力，能够在战区上空停留数小时之久。

美国“扫描鹰”无人机

小档案	
机身长度：	1.19米
翼　展　：	3.1米
空　重　：	15千克
最大速度：	80千米/小时

“扫描鹰”是美国波音公司和因西图公司联合研制的无人侦察机。“扫描鹰”全系统包括两架无人机、一个地面或舰上控制工作站、通信系统、弹射起飞装置和运输贮藏箱。该无人机可以将机翼折叠后放入贮藏箱，从而降低了运输的难度。机上的数字摄像机能够180度自由转动，具有全景、倾角和放大摄录功能，还可装载红外摄像机进行夜间侦察或集成其他传感器。“扫描鹰”无人机通过气动弹射发射架发射升空，既能按预定路线飞行，也可由地面控制人员遥控飞行。

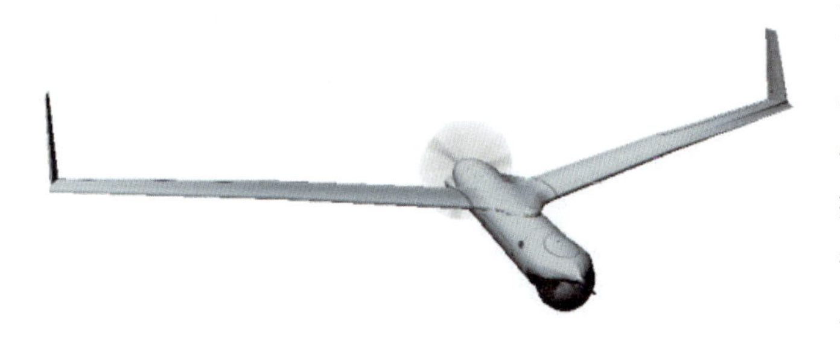

美国X-47“飞马”无人机

小档案	
机身长度：	8.5米
机身高度：	1.86米
翼　展　：	8.465米
空　重　：	1740千克
最大速度：	0.9千米/小时

X-47是由美国诺斯罗普·格鲁曼公司研制的无人战斗机，绰号“飞马”。X-47A无人机于2004年2月首次试飞，外形比较奇特，与B-2轰炸机有一定相似之处。X-47B无人机被设计为高度的空战系统，能够执行全天候作战任务。X-47B无人机的设计十分注重隐身性能和战场的生存能力，并可携带各种传感设备以及内部武器装备载荷。除此之外，X-47B具有滞空时间长和作战半径大的显著特点，能深入内陆执行打击任务。然而，X-47B最大的优势却是在于其卓越的隐身性能和突防能力。

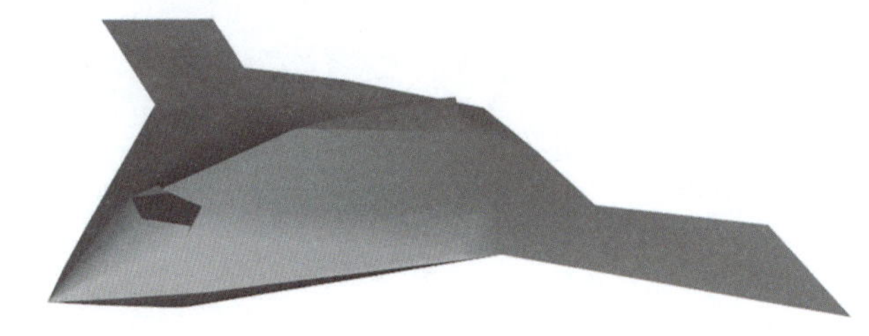

美国X-37B太空无人机

小档案	
机身长度：	8.9米
机身高度：	2.9米
翼　展　：	4.5米
空　重　：	35000千克

X-37B是美国波音公司研制的世界上第一架既能在地球轨道上飞行、又能进入大气层的无人航空器。该无人机的发射方式多种多样，它不但可以被装在“宇宙神”火箭的发射罩内发射，还能从美国佛罗里达州的卡纳维拉尔角起飞。除此之外，X-37B无人机在绕地球飞行之后，不仅可以自行在美国加利福尼亚州降落，它还可以在爱德华兹空军基地着陆。

法国“雀鹰”无人机

小档案

机身长度：	3.5米
机身高度：	1.3米
翼　展　：	4.2米
空　重　：	275千克
最大速度：	240千米/小时

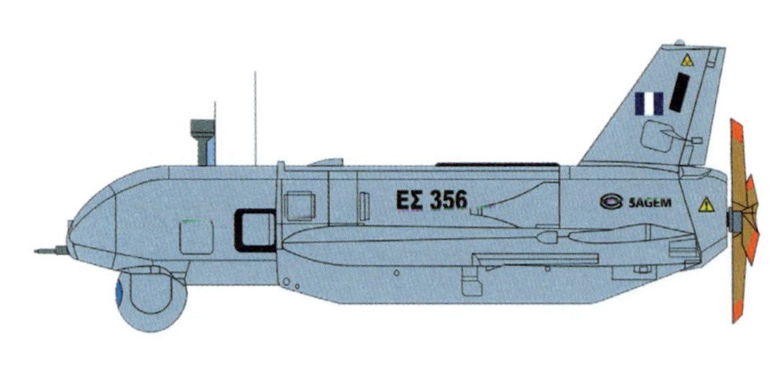

“雀鹰”是法国萨基姆公司研制的一款战术无人机，曾被法国、瑞典、丹麦、希腊、荷兰、加拿大和美国等多个国家采用。它可执行战术监视、观察和瞄准任务，同时也是一种经过实战考验的可靠的无人机系统，分为A、B两种型号。“雀鹰”A能够自动弹射，并在没有事先做准备的地点通过降落伞降落。“雀鹰”B为无人攻击机，机翼更大也更坚固，可以携带更多的有效载荷，而且续航力和航程也得到加强。

德国“月神”X-2000无人机

小档案

机身长度：	2.36米
翼　展　：	4.17米
最大速度：	70千米/小时

“月神”X-2000是德国研制的无人侦察机，最早于2000年开始装备德国陆军，曾在马其顿、科索沃和阿富汗使用。“月神”X-2000无人机的外形犹如一个普通的航空飞行模型，也是一架全天候使用的轻型侦察无人机，能够执行实时监视、侦察和目标定位等任务。除此之外，“月神”X-2000无人机的发射方式也十分简单，可以利用橡皮筋弹射器弹射起飞，回收方式为伞降回收。该无人机还装备有大功率摄像机，主要是为了方便向地面工作人员传输实时图像。

德国“阿拉丁”无人机

小 档 案	
机身长度：	1.53米
机身高度：	0.36米
翼　展　：	1.46米
空　重　：	3.2千克
最大速度：	90千米/小时

“阿拉丁”是德国 EMT 公司研制的小型无人侦察机。一个完整的“阿拉丁”无人机系统主要由 1 架无人机和 1 个地面控制站组成，操作人员为 1～2 名。该无人机通常与“非洲小孤”侦察车配合使用，执行近距离侦察任务。当然“阿拉丁”无人机在不使用时，通常被拆解并装在箱子里，便于携带。如果要使用“阿拉丁”无人机系统，操作人员可以在数分钟内完成无人机的组装，然后采用手抛或者弹射索发射升空。

以色列“搜索者”无人机

“搜索者”是以色列研制的一款性能先进的侦察用途无人机系统，改进型为“搜索者”Mk2，目前两者都在操作使用中。“搜索者”Mk2 属于先进的第四代无人机系统，它是从第三代最初的“搜索者”发展而成的。“搜索者”Mk2 于 1998 年推出，采用后掠机翼，发动机、通信系统和导航系统也较最初型号有了改进，具有良好的空气动力学性能，滞空时间长，操作起来也十分方便。该无人机飞行高度可达 6000 米以上，续航时间 18 小时。该无人机的主要用途为监视、侦察、目标捕获以及火炮校准，可以自动起飞和降落。

小 档 案	
机身长度：	5.85米
机身高度：	1.25米
翼　展　：	8.54米
空　重　：	500千克
最大速度：	200千米/小时

以色列“先锋”无人机

小 档 案	
机身长度：	4米
机身高度：	1米
翼　展　：	5.2米
空　重　：	205千克
最大速度：	200千米/小时

“先锋”无人机是以色列航空工业公司在吸取“侦察兵”和“猛犬”两种微型无人机使用经验的基础上研制而成的。“先锋”无人机能够利用气动滑轨弹射和液体火箭助推器发射起飞。该无人机的机身大部分采用复合材料制成，其雷达反射面积很小，不容易被地方雷达发现。

以色列“哈比”无人机

小档案

项目	数据
机身长度:	2.7米
机身高度:	0.36米
翼　展　:	2.1米
空　重　:	135千克
最大速度:	185千米/小时

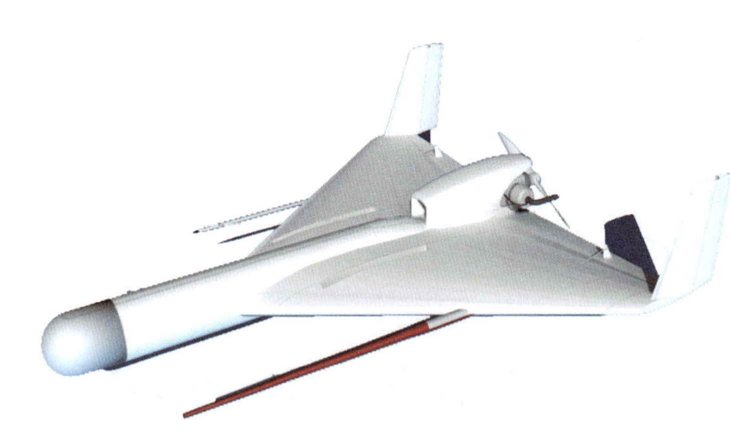

“哈比”无人机是以色列航空工业公司于20世纪90年代开发的一款主要用于反雷达的攻击无人机。该无人机于1997年首次亮相，目前已装备以色列、韩国、土耳其和印度等多个国家的军队。“哈比”无人机具有航程远、续航时间长、机动灵活、生存能力强等特点，不仅如此，它还可以全天候使用。

俄罗斯卡-137无人机

小档案

项目	数据
机身长度:	1.3米
机身高度:	2.3米
翼　展　:	5.3米
空　重　:	200千克
最大速度:	175千米/小时

卡-137是俄罗斯卡莫夫设计局研制的多用途无人驾驶直升机，主要适用于边防巡逻、战地侦察、生态监测、森林防火以及渔场监护等多种任务。该无人机于1994年开始研制，1995年完成草图设计，1999年定型投产并开始装备俄罗斯陆军和边防部队。卡-137适合军民两用，有多用途之长，通过重组多任务传感器就可实现任务转换。

第7章 光影中的战机

对于大多数人来说，接触真正作战飞机的机会少之又少，更多的是通过电影等途径来了解它们。在战争题材的电影中，威力强大的作战飞机总是受到人们额外的关注。本章主要介绍一些经典电影中出现过的作战飞机，可以帮助读者从侧面了解这种独特的武器。

《独立日》

片名	《独立日》（Independence Day）
产地	美国
时长	145分钟
导演	罗兰·艾默里奇
首映日期	1996年7月3日
类型	动作
票房	8.17亿美元
编剧	罗兰·艾默里奇
主演	比尔·普尔曼、威尔·史密斯

▲《独立日》海报

★ 剧情简介

影片中一艘巨型的外星人母船进入地球轨道，并释放了30多个小型飞船进入地球大气层，停留在世界几大城市上空，造成人们的恐慌。美国总统（比尔·普尔曼饰）联合各国领袖共商解决之道，科学家（杰夫·高布伦饰）和陆战队航空兵上尉史蒂芬希尔（威尔·史密斯饰）合作为人类的命运奋斗，从而阻止外星人入侵，捍卫地球。

▲《独立日》电影镜头

★ 幕后制作

影片在拍摄时，美国军方曾有意为影片提供人员、车辆和服装，可制片方不愿去掉剧本中有关 51 区的内容，军方随即退出拍摄。作为一部场面壮观的科幻动作大片，影片需要 3000 多个特效镜头，为了降低拍摄成本并打造出更为真实的爆炸场景，剧组并没过多地依赖于电脑特效，而是大量采用布景特效和镜头内特效。其中部分镜头在加利福尼亚州卡尔弗城的休斯飞机公司摄制完成，剧组的艺术部门、动作控制摄影小组、烟火小组和模型部门总部就设在那里，而且模型部门制作出的建筑、街道、飞机、地标和纪念碑等各种微缩模型总数达到之前任何电影的两倍。模型技师们还打造出多个外星飞船微缩模型，其中包括 30 英尺（约 9.1 米）长的攻击飞船模型和 12 英尺（约 3.7 米）长的母船模型。

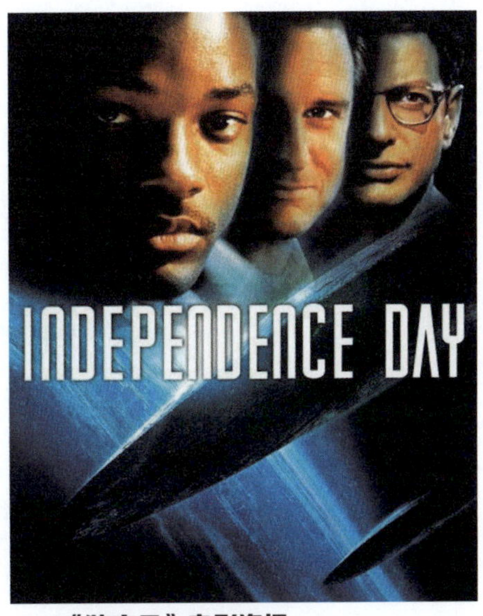

▲《独立日》电影海报

★ 战机盘点

这部电影特效部门为影片制作了 3978 架 F-18 战斗机模型、52278 块碎片、3931 架外星战机、1549 枚导弹和 22014 个光球，而且片中固定翼飞机的飞行画面全部出自特效。

▲《独立日》电影中出现的 F-18 战斗机

《环太平洋》

片名	《环太平洋》（Pacific Rim）
产地	美国
时长	132分钟
导演	吉尔莫·德尔·托罗
首映日期	2013年7月12日
类型	动作、科幻、冒险
票房	4.11亿美元
编剧	Travis Beacham（特拉维斯·比彻姆）
主演	查理·汉纳姆、菊地凛子、伊德瑞斯·艾尔巴、朗·普尔曼、罗伯特·卡辛斯基、芦田爱菜

▲《环太平洋》海报

★ 剧情简介

2013年，环太平洋地区海底深处出现了一个平行宇宙“突破点”，随后，一个巨大无比的巨兽生物从“海洋”中崛起，第一只巨兽首先摧毁了旧金山以及周围所有的海岸城市，而人类大部分企图阻止巨兽的军事行动全部以失败告终，巨兽也最终在人类的殊死抵抗下死于核弹中，但旧金山方圆百里变成了荒芜之地。事件结束后，人类为巨兽起名为“怪兽”（Kaiju），但原本认为结束的怪兽袭击却接二连三地出现在各个环太平洋城市。人类在无计可施之下发明了他们自己创造的“怪兽”：机甲猎人（Jaeger），利用巨大机械士兵来对抗怪兽大军，由两名脑部神经网络互相串联（浮动神经元连接）的操纵者同步操作战斗机械士兵，利用仪器来检测怪兽的级别与代号。自从有了机甲猎人，人类开始获得胜利，甚至将怪兽袭击变成宣传活动与仪式，但人类却并不知道更加恐怖的威胁即将来临，而“怪兽战役”也就此打响。

▲《环太平洋》电影镜头

2020年2月28日，代号“镰刀头”的三级怪兽出现在阿拉斯加海域，贝克特兄弟罗利·

贝克特（查理·汉纳姆饰）和杨希·贝克特驾驶危险流浪者迎击怪兽，战斗中哥哥彦希不幸牺牲，罗利独自一人驾驶几乎报废的危险流浪者返回。

5年以后，由于怪兽的战斗力不断增强，环太平洋防御总机PDCC决定召回三代机甲危险流浪者，同时找回失踪7年（实际上是跟着建防御怪兽围墙的工程队走了）的罗利·贝克特担任驾驶，经过选拔，罗利的新搭档是真子（菊地凛子饰），第一次同步试验中真子神经元连接失败，险些摧毁基地。

★ 幕后制作

影片的幕后创意团队包括奥斯卡得奖摄影指导吉尔摩·德尔·托罗，制作设计安德鲁·奈斯可兰尼和卡萝丝·碧儿，剪辑彼得·艾蒙森和约翰·吉尔罗，以及服装设计凯特·荷利。配乐由拉敏·贾瓦迪创作。视效总监是约翰·诺尔和詹姆斯·普莱斯，动画总监是豪尔·席可。

▲《环太平洋》电影海报

导演吉尔莫·德尔·托罗编写和制作了该片，故事由编剧特拉维斯·比彻姆原创，他是在环太平洋的加利福尼亚州海岸线上构思出这个故事的中心要素的。比彻姆称这个原创故事里面有人类和机械人对抗外星怪兽的殊死战，而这些外星怪兽并不来自于银河系，而是从海底窜出的。

★ 战机盘点

在电影《环太平洋》中，曾有数架F-22战斗机在真子的回忆中迎击袭击日本的螃蟹形怪兽，其中还有一架被怪兽打中爆炸，剧中的F-22战斗机左右还各备有2挺机炮。

▲《环太平洋》电影中出现的F-22战斗机

◆《断箭》

片名	《断箭》（Broken Arrow）
产地	美国
时长	108分钟
导演	吴宇森
首映日期	1996年2月9日
类型	动作、冒险、喜剧
票房	1.5亿美元
编剧	格雷厄姆·约斯特
主演	约翰·特拉沃尔塔、克里斯汀·史莱特、萨曼莎·玛西丝、戴尔里·林多、鲍勃·冈顿、弗兰克·威利

▲《断箭》海报

★ 剧情简介

影片中迪克斯上尉（约翰·特拉沃尔塔饰）是美国空军一名十分出色的机师，他英勇善战，屡获殊荣，却始终得不到升职。他的好友希尔中尉（克里斯汀·史莱特饰）是他的副手，但在拳台上，希尔每次打赌均输给迪克斯。在一次执行飞行任务时，迪克斯计划劫持隐形战机上的两枚核弹，他将希尔打出了机舱，投下核弹，飞机在自然公园坠毁。希尔的降落伞救了他一命，但他却遭到公园巡警泰莉（萨曼莎·玛西丝饰）的拘捕，经过打斗与说服，他终于让泰莉相信了他。迪克斯早已有内应和接应，他成功地找到了两枚核弹。希尔和泰莉击毁了直升机，并机智地劫持了运载核弹的汽车，将核弹藏到了一个废铜矿之中。但在慌乱之中，核弹被启动了。迪克斯一伙赶到，抢走了另一枚核弹，却将希尔等人关在矿井下，试图让他们被核弹炸死。希尔和泰莉从地下河逃出矿井。地下核爆产生了巨大破坏力，白宫与国防部震惊之余，不得不答应迪克斯要求巨款的威胁。希尔与泰莉分头追踪迪克斯，泰莉跟上了迪克斯的火车，却被抓住。千钧一发之际，希尔找到

▲《断箭》电影剧照

了政府，并派一架直升机前来营救。但政府的军队并未能阻止迪克斯，反以失败告终，希尔只能孤军奋战。他与泰莉破坏了狄坚出逃的直升机，在无路可走的情况下，狄坚困兽犹斗，孤注一掷。他启动了核爆密码，妄图同归于尽。希尔赶到，两人再次打赌，只要希尔赢了他就可以关掉启动装置。经过一番斗智与斗勇，希尔最终取胜，在两列火车即将相撞之际，他关闭了启动装置，并逃出了车厢，而迪克斯则得到了应有的下场。在一片狼藉之中，核弹安然无事，劫后余生的希尔和泰莉紧紧地拥抱在一起。

★ 幕后制作

《断箭》依然走了惊险枪战动作片的路子，而吴宇森正是以动作枪战片而闻名，在影片中，我们还可以看到吴宇森动作片的老套路：如慢镜头，人物面部或动作特写，特别是微小道具的运用让人惊羡不已。《英雄本色》中小马叼着的火柴，与《断箭》中狄坚手中的一根香烟异曲同工。但是我们也必须承认，吴宇森风格在影片中所占份量只有一小部分了。好莱坞惊险片的典型镜头在影片中随处可见，紧张的追逐、子弹横飞的战斗、飞机坠毁、火车相撞、模拟核爆等一系列大投资的制作，效果逼真，让人瞠目结舌。影片男主角狄坚由当红明星约翰·屈伏塔扮演，他成功地饰演了这个外表亲切却十分危险的人物。他的眼神永远让人弄不清他到底心里在想什么。这一反面角色的成功，使他的演技更上一层楼。

▲《断箭》电影海报

★ 战机盘点

B-2 轰炸机很少出现在电影中，因此在《断箭》这部影片中看到它的身影着实让人眼前一亮。B-2 是当今世界上唯一一种的隐身战略轰炸机。该机最主要的特点就是低可侦测性，即俗称的隐身能力，能够使它安全地穿过严密的防空系统进行攻击。

▲《断箭》电影中出现的 B-2 轰炸机

◆《变形金刚3：月黑之时》

片名	《变形金刚3：月黑之时》（Transformers: Dark of the Moon）
产地	美国
时长	154分钟
导演	迈克尔·贝
首映日期	2011年6月29日
类型	动作、科幻、冒险
票房	1.12亿美元
编剧	伊伦·克鲁格
主演	希亚·拉博夫、罗茜·汉丁顿·惠特莉、乔什·杜哈明、约翰·特托罗、彼得·库伦

▲《变形金刚 3：月黑之时》海报

★ 剧情简介

《变形金刚 3：月黑之时》是迈克尔·贝执导的一部科幻动作电影，为派拉蒙影业出品的《变形金刚》系列电影第三集。影片主要讲述了阿波罗 11 号 40 年前登陆月球时原来早就发现了变形金刚的残骸，当年博派首领御天敌带着拯救塞伯坦球的秘密武器“能量柱”逃走，不幸坠落在月球。多年后，狂派威震天设下陷阱，让擎天柱带回御天敌和“能量柱”，掀起两派在地球的战事。

▲《变形金刚 3：月黑之时》电影镜头

★ 幕后制作

为了使影片获得最逼真的音效，《变形金刚 3：月黑之时》的声效小组尽可能地采集现实中真实的声音。枪战火拼是该片的一个重要组成部分，AK-47、火箭筒、手榴弹……这些声音都是用真枪实弹录制的。影片中还有一个航天飞机发射时的场景，为此音效小组特地跑到军事基地录制火箭发射时的声音。

▲《变形金刚 3：月黑之时》电影海报

★ 战机盘点

在该影片中，当美国特战部队的蓝尼队长（Captain Lennox）与他的队员在沙漠中遭到袭击而溃不成军时，他们叫来了一架 AC-130U 战斗机前来支援并将敌人击退。

▲《变形金刚 3：月黑之时》电影中出现的 AC-130U 战斗机

参 考 文 献

[1] 军情视点．全球战机图鉴大全．北京：化学工业出版社，2016.

[2]《深度军事》编委会. 现代战机鉴赏指南．珍藏版第2版. 北京: 清华大学出版社，2017.

[3] 保罗·艾登. 现代战机百科. 北京：中国画报出版社，2016.

[4] 《深度军事》编委会. 王牌战机图鉴（白金版）. 北京：清华大学出版社，2016.

[5] 《深度军事》编委会. 全球战机 TOP 精选. 北京：清华大学出版社，2017.